99招
让你成为
家政服务能手

黄鹤 总主编

现代社会，随着人们居住环境的改善和家庭生活质量的提高，大家都希望自己的家庭安全、舒适、简洁、美观、和谐，如此需求，形成了家政服务消费热，在很大程度上推动了家政服务行业的快速发展，可以说，家政服务是一项工程，一方面，它为众多家庭提供了烹调、洗涤、操持、照料老人、看护婴儿、看护病人、护理孕妇与产妇、制作家宴、家务管理、家庭教育等繁杂的家务中解放出来，具有非常广泛的家务在成为百姓消费题的之一，那就是家政服务行业的现状是：家政服务规业的衡量标准和保障服务人员的培训不足，这些都致使家政服务质物质生活和精神生活水越高。

"家政服务"的重要作用，是用心做家务掌握有的、综合的、高技能已经告别了以前的发展。因此，在本行业获得长期稳定的发展，提高家政服务质量，是家政服务人员努力学习家政服务知识和技能，提高自身素质和服务技能，才能赢得雇主的认可。在本行业获得长期稳定的发展。因此，家政服务人员唯一面对挑战和机遇，家政服务人员关家务工作的各项技能确确实实活质量的提高，大家都希望自己的家庭安全、舒适、简洁、美观、生人员的必走之路。现代社会，随着人们居住环境的改善和家庭生

江西教育出版社
JIANGXI EDUCATION PUBLISHING HOUSE

图书在版编目（CIP）数据

99招让你成为家政服务能手 / 黄鹤主编. ——南昌：江西教育出版社，2010.11

（农家书屋九九文库）

ISBN 978-7-5392-5912-3

Ⅰ.①9… Ⅱ.①黄… Ⅲ.①家政学—基本知识 Ⅳ.①TS976.7

中国版本图书馆CIP数据核字（2010）第198652号

99招让你成为家政服务能手
JIUSHIJIU ZHAO RANG NI CHENGWEI
JIAZHENGFUWU NENGSHOU

黄鹤 主编

江西教育出版社出版

（南昌市抚河北路291号 邮编：330008）

北京龙跃印务有限公司印刷

680毫米×960毫米 16开本 8.5印张 150千字

2016年1月1版2次印刷

ISBN 978-7-5392-5912-3 定价：29.80元

赣教版图书如有印装质量问题，可向我社产品制作部调换

电话：0791-6710427（江西教育出版社产品制作部）

赣版权登字-02-2010-198

版权所有，侵权必究

前言 qianyan

现代社会,随着人们居住环境的改善和家庭生活质量的提高,大家都希望自己的家庭安全、舒适、简洁、美观、和谐。如此需求,形成了家政服务消费热,也在很大程度上推动了家政服务行业的快速发展。可以说,家政服务是一项"双赢"工程。一方面,它为众多家庭提供了烹调、洗涤、操持家务、照料老人、看护婴儿、看护病人、护理孕妇与产妇、制作家庭餐、家务管理、家庭教育等方面的服务,从而将家庭的主人从琐碎、繁杂的家务中解放出来,获得了更多的时间和精力去从事他们愿意做的、想做的事情;另一方面,家政服务就业的潜力巨大,家政服务在成为百姓消费热的同时,也成了解决再就业问题的主要渠道之一,具有非常广阔的发展前景。

不过,有一个问题不容忽视。那就是家政服务行业的规范化和专业化问题。目前家政服务行业的现状是:家政服务机构尚不健全,家政服务尚不规范,缺乏统一的衡量标准和保障机制,家政服务人员的素质不高,对家政服务人员的培训不足,行业缺乏统一的标准和相应的培训教材,这些都导致家政服务质量良莠不齐。而随着经济社会的发展、人民物质生活和精神生活的提高,人们对家政服务的要求越来越高,已经告别了以前的"保姆"阶段。现代家政服务业是一项复杂的、综合的、高技能的服务工作,要求家政服务人员用心做细节,用心做家务,掌握有关家务工作的各项技能,确确实实起到"家政服务"的重要作用。面对挑战和机遇,家政服务人员唯有不断提高自身素质和服务技能,才能赢得雇主的认可,在本行业获得长期稳定的发展。因此,努力学习家政服务知识和技能,提高家政服务质量,是家政服务人员的必走之路。

本书立足实际,将从家政服务的内容着手,家政服务所涵盖的保洁、护理、厨艺、养殖、养宠物等诸多方面进行详细的介绍,引导家政服务人员做好各项家政工作,掌握与雇主的沟通艺术,与雇主和睦相处,教会他们利用法律武器维权,保护自己的合法权益,最大限度地满足家政服务人员的学习需要,使他们尽快融入城市生活,适应家政工作,创造美好生活。

在本书的编写过程中,编者参考了一些相关书籍及文章,限于笔墨这里就不一一列出书名和文章题目了,在此向作者表示衷心的感谢。

目 录 Contents

第一章 31招教你轻松做好保洁员 001

第一节 5招教你做好厅房保洁 002
招式1：三步做好客厅保洁 002
招式2：如何清洗灯具 003
招式3：窗帘清洗妙法 004
招式4：卧室保洁要点 005
招式5：衣柜清洁不能忘 006

第二节 4招教你做好厨房保洁 007
招式6：橱柜的保洁要点 007
招式7：厨房台面的日常保养 008
招式8：煤气炉、抽油烟机的保洁和保养 008
招式9：厨房配件如何保养 009

第三节 4招教你做好浴厕保洁 009
招式10：如何做好盥洗器具的清洁 010
招式11：如何清洗马桶 010
招式12：浴厕瓷砖清洁要得法 011
招式13：浴厕保洁需注意七大事项 011

第四节 4招教你做好家具保洁 012
招式14：木制家具的保养和清洁 012
招式15：布质家具保洁要点 014

　　　　招式16：怎样给皮质家具保洁 …………………… 015
　　　　招式17：如何使金属复合家具光洁如新 ………… 015
　　第五节　6招教你做好电器保洁 …………………………… 016
　　　　招式18：电饭煲的保洁 …………………………… 016
　　　　招式19：微波炉的保洁 …………………………… 017
　　　　招式20：怎样做好冰箱保洁 ……………………… 018
　　　　招式21：电风扇保洁技巧 ………………………… 018
　　　　招式22：电脑清洁要点 …………………………… 019
　　　　招式23：电话机要经常清洁消毒 ………………… 020
　　第六节　4招教你做好衣物保洁 …………………………… 020
　　　　招式24：如何护理棉织品衣物 …………………… 020
　　　　招式25：如何防止衣物掉色 ……………………… 021
　　　　招式26：如何轻松洗掉衣服上的霉点 …………… 021
　　　　招式27：如何熨烫衣物 …………………………… 022
　　第七节　2招教你做好地板保洁 …………………………… 023
　　　　招式28：木地板的保洁 …………………………… 023
　　　　招式29：地砖的保洁 ……………………………… 024
　　第八节　2招教你做好墙面和玻璃保洁 …………………… 024
　　　　招式30：墙面保洁妙招 …………………………… 025
　　　　招式31：9种方法使玻璃光洁如新 ……………… 026

第二章　10招教你安全使用燃气和电器　　029

　　第一节　2招教你安全使用燃气 …………………………… 030
　　　　招式32：如何安全使用燃气 ……………………… 030
　　　　招式33：如何应对炉具使用过程中出现的问题 …… 031
　　第二节　5招教你安全使用大电器 ………………………… 032
　　　　招式34：电视的安全使用法则 …………………… 032

招式 35：如何正确使用冰箱 …………………… 033
　　　招式 36：如何安全使用洗衣机 …………………… 034
　　　招式 37：微波炉使用九要点 ……………………… 035
　　　招式 38：怎样使用空调环保又省电 ……………… 035
　第三节　3 招教你安全使用小电器 …………………… 036
　　　招式 39：安全使用电磁炉 ………………………… 036
　　　招式 40：如何安全使用吸尘器 …………………… 037
　　　招式 41：使用榨汁机的十个注意事项 …………… 038

第三章　15 招助你厨艺顶呱呱　　　041

　第一节　3 招教你学会选购原料 ……………………… 042
　　　招式 42：怎样选购新鲜蔬菜 ……………………… 042
　　　招式 43：怎样选购肉类 …………………………… 044
　　　招式 44：怎样选购鱼虾 …………………………… 045
　第二节　12 招教你提高烹饪技术 …………………… 046
　　　招式 45：常用厨房调料使用窍门 ………………… 046
　　　招式 46：炒菜技巧 ………………………………… 048
　　　招式 47：教你学会炖菜 …………………………… 049
　　　招式 48：教你如何煎鱼 …………………………… 050
　　　招式 49：蒸的技巧 ………………………………… 051
　　　招式 50：教你做好烧菜 …………………………… 051
　　　招式 51：教你如何炸鸡翅 ………………………… 052
　　　招式 52：爆的技巧 ………………………………… 053
　　　招式 53：教你煲靓汤 ……………………………… 054
　　　招式 54：如何制作凉拌菜 ………………………… 055
　　　招式 55：如何使炒熟的蔬菜保持鲜绿 …………… 057
　　　招式 56：如何勾芡 ………………………………… 057

第四章　15招教你科学母婴护理15招　　059

第一节　4招教你护理产妇 …………………… 060
　　招式57：如何帮助产妇催乳 …………………… 060
　　招式58：如何指导产妇坐"月子" ………………… 061
　　招式59：如何对抑郁症产妇进行护理 ………… 063
　　招式60：怎样指导哺乳妈妈回奶 ……………… 063

第二节　11招教你护理幼婴 ……………………… 065
　　招式61：如何对新生儿进行护理 ……………… 065
　　招式62：如何给新生儿洗澡 …………………… 066
　　招式63：怎样护理婴儿的头发 ………………… 067
　　招式64：教新妈妈对婴儿进行抚触 …………… 068
　　招式65：如何防止宝宝掉下床 ………………… 070
　　招式66：科学食蛋营养多 ……………………… 070
　　招式67：小儿得了鹅口疮，应该怎么办 ……… 071
　　招式68：肺炎患儿家居护理注意事项 ………… 072
　　招式69：小儿感冒了，该如何应对 …………… 073
　　招式70：如何应对小儿湿疹 …………………… 073
　　招式71：水果蒸着吃，可以巧治病 …………… 074

第五章　10招教你孩童老人护理　　077

第一节　5招教你护理孩童 ……………………… 078
　　招式72：照顾孩子，家政服务人员应具备的素质 … 079
　　招式73：如何教孩子科学地吃零食 …………… 080
　　招式74：孩子被蚊虫咬了怎么办 ……………… 080
　　招式75：怎样处理孩子的皮外伤 ……………… 081
　　招式76：遇上孩子任性该怎么办 ……………… 082

第二节　5招教你护理老人 …………………… 083
　招式77：如何护理老年人 …………………… 083
　招式78：与老人沟通的技巧 ………………… 084
　招式79：如何合理搭配老人的饮食 ………… 086
　招式80：怎样照顾患糖尿病的老人 ………… 088
　招式81：如何护理"中风"老人 …………… 088

第六章　10招教你养花、喂宠物　　093

第一节　5招教你如何养花 …………………… 094
　招式82：如何给花浇水 ……………………… 094
　招式83：如何给花卉防虫治病 ……………… 095
　招式84：花盆里的土又干又硬，该怎么办 … 096
　招式85：如何应对花卉萎蔫 ………………… 097
　招式86：水培花卉如何养护 ………………… 097
第二节　5招教你养好宠物 …………………… 099
　招式87：如何饲喂宠物犬 …………………… 099
　招式88：宠物猫的饲养 ……………………… 102
　招式89：玩赏鸟的饲养 ……………………… 105
　招式90：观赏鱼的饲养 ……………………… 107
　招式91：巴西龟的饲养 ……………………… 108

第七章　5招助你与雇主和睦相处　　111

招式92：自尊自爱，和雇主和睦相处 ………… 112
招式93：让自尊保持一定的弹性 ……………… 114
招式94：培养良好的言行举止 ………………… 115
招式95：做错了事，如何向雇主道歉 ………… 116
招式96：语言礼仪要恰当 ……………………… 117

第八章 3招助你维权保平安　119

招式97：受聘家政服务公司，劳动法依法保护 ………… 120
招式98：家庭直接雇请，维权当找雇主 ……………… 121
招式99：遭遇侵权，该如何维权 …………………… 122

第一章
31招教你轻松做好保洁员
sanshiyizhaojiaoniqingsongzuohaobaojieyuan

第一节　5招教你做好厅房保洁

第二节　4招教你做好厨房保洁

第三节　4招教你做好浴厕保洁

第四节　4招教你做好家具保洁

第五节　6招教你做好电器保洁

第六节　4招教你做好衣物保洁

第七节　2招教你做好地板保洁

第八节　2招教你做好墙面和玻璃保洁

简单基础知识介绍

或许有人会说,做家务,搞保洁是轻而易举的事情,谁不会做啊。只要不落尘,不藏垢,保持居室整洁卫生就行了,哪里还用得着学习。其实不然,居家保洁是一项非常讲究技巧和方法的工作,处处皆学问,时时讲方法,掌握了要领,就能省时省力轻轻松松地做好家务,取得良好的保洁效果;不得要领,就会陷入忙乱和无序,往往花了很大的力气,耗去了很多的时间,投入了很大的精力,却达不到令人满意的效果。本章立足家政服务人员的服务立场和要求,对做好家庭保洁工作所涵盖的方方面面进行简单的介绍,为家政服务人员做好家务支招,轻轻松松地解决家务清洁困扰,帮助他们做好居家保洁工作。

行家出招

第一节 5招教你做好厅房保洁

招式1 三步做好客厅保洁

客厅是雇主家人活动和招待客人的主要场所,是保洁的重点区域,因此,客厅要随时进行清洁,保持客厅的整洁和干净。

一般来说,客厅保洁的程序是:吸尘→拖地→擦拭。

第一,吸尘。为了防止尘土浮起,要先用吸尘器吸去客厅地面和家具上的尘土,为下一步的保洁工作打好基础。

第二,拖地。如果是瓷砖地面,要将拖把浸水后微拧干,拖去地面上残留的污迹,然后用干净的抹布擦去地面上的水痕,使地面光洁如新。如果是木地板,就要费些功夫了,要先用绵软的地板专用扫帚将地板彻底清扫一遍,除去地板上的落尘和脏物,然后进行擦拭。木质地板切忌用湿拖把直接擦拭,因为过多的水分会渗透到木质地板里层,造成地板发霉,甚至腐烂。应该使用木质地板专用清洁剂进行清洁,让地板保持原有的温润质感,预防木板干裂。使用地板清洁剂时,要尽量将拖把拧干。擦拭地脚线或侧面的封边时,要注意抹布的干湿度,防止水分渗入,封边贴片脱胶。客厅里放了地毯的,还要对地毯进行除尘和清理。清理地毯时,可以先向地毯上撒点盐,可起到抑制灰尘飞扬的作用。对于地毯上出现的不同污渍,要区别对待。若地毯上沾满了人的头发、线头或宠物的毛,可以用带黏膜的滚动式清扫器滚地毯的表面,轻松去除地毯上的污物。若地毯上不慎洒上了咖啡、果汁、可乐等污渍,可以用干布或纸巾吸取水分,然后用等量的白酒和酒精混合,洒在地毯污渍上,再用干布拍拭清除,也可用醋水进行清除。若地毯上出现了由于重压所留下的凹痕,可以将拧干的热毛巾放10分钟后,用电吹风和细毛刷,边吹边刷,凹痕自然就会消失。

第三,擦拭。这里说的擦拭包括两个方面:擦拭家具和擦拭门窗。

擦拭家具时,总体原则是选用干净的抹布擦去家具上的浮尘和污垢。具体来说,不同的家具要区别对待。比如真皮沙发,就切忌用热水擦拭,否则会因温度过高而使皮质变形。可以用湿布轻抹,如沾上油渍,可用稀释的肥皂水轻擦;比如布艺沙发,要先用干毛巾去浮尘,再用湿毛巾擦布面。沙发表面有污渍时,可用干净抹布蘸水或沙发专用清洁剂从外向内抹拭,直至去掉污渍,但切勿大量用水擦洗,以免水渗入沙发内层,造成沙发里边受潮、变形,滋生霉菌;比如木制家具,可用柔软的抹布或海绵以温淡的肥皂水进行擦洗,待干透后再用家具油蜡涂刷使之光润。如果客厅里放了藤编家具,那就最好使用盐水擦洗,不仅能够去污,还可以使藤条柔软富有弹性。擦拭完了客厅的家具,不要忘了用干净的抹布将门框、门板、窗户擦拭一新。这里重点说一下玻璃门板和窗台、窗轨缝隙的清洁。对于玻璃门板,可用稀释过的中性洗涤剂或玻璃专用的洗涤剂进行擦洗,然后用干的、不掉毛的纯棉抹布擦干。窗台上容易落尘,藏污纳垢,要及时进行清扫,然后用漂白粉、小苏打溶液等进行消毒,以免蚊虫滋生。至于窗轨缝隙这些难以擦到的地方,可以利用抹布包住餐刀或尺子的办法进行擦拭,清除死角细缝里的污垢。

招式2 如何清洗灯具

灯具的清洗是客厅保洁不容忽视的一项工作。由于灯具在点亮时,会产生一些电磁反应，最容易吸附空气中的灰尘，吸引蚊虫钻入灯罩，影响美观不说，还对人的身体健康带来危害。因此，要做好灯具的清洗和保洁。

对于挂在高处的灯具，清洗时要两个人配合，注意安全。要针对灯罩的不同形状和材质，采取不同的清洗方法。

如果灯罩是用纸、布、木头或竹子制成的，可用刷子或小吸尘器除去灰尘，然后在抹布上倒一些洗洁精或者家具专用洗涤剂进行擦洗。如果灯罩内侧是纸质材料，应避免直接使用洗涤剂，以防破损；而用磨砂玻璃等材料制成的灯罩，用抹布擦拭反而会越抹越脏，最好将灯罩取下，浸入洗涤液中用适合清洗玻璃的软布小心擦洗，或者用软布蘸牙膏擦洗即可光亮如新。树脂灯罩，就要用化纤掸子或专用掸子进行清洁。清洁后应喷上防静电喷雾，防止静电。最难清洗的要数水晶串珠灯具。这类灯具做工细致精美，清洁却很麻烦。如果灯罩由水晶串珠和金属制成，可直接用中性洗涤剂清洗。清洗后，把表面的水擦干，让其自然阴干。如果水晶串珠是用线穿上的，最好不把线弄湿，可用软布蘸中性洗涤剂擦洗。

落地灯的清洗相对比较容易，方法和吸顶灯一样。但要注意的是，要对金属灯座上的污垢进行处理，先把表面灰尘擦掉后，再在棉布上挤一点牙膏进行擦洗。如果灯罩形状褶皱，就要用棉签蘸水耐心地一点一点地擦洗。

招式3 窗帘清洗妙法

窗帘是现代家居的装饰佳品，挂久了窗帘受灰尘的污染，需要清洗。家政服务人员在清洗窗帘时，要遵循一个总的原则，那就是绝不能用漂白剂，尽量不要脱水和烘干，要自然风干，以免破坏窗帘本身的质感。

不同材质的窗帘有不同的洗法。普通的布料窗帘可以用湿布擦洗，也可以放在清水或洗衣机里洗涤，但易缩水的面料应尽量干洗；帆布或麻制成的窗帘最好用海绵蘸些温水或肥皂溶液抹，待晾干后卷起来即可，此法既省时又省力；在清洗天鹅绒窗帘时应该先把窗帘浸泡在中性清洁液中，用手轻压，待洗净后放在架子上，使水自然滴干，这样会使窗帘清洁如新。至于电植绒布窗帘，一定不要泡在水中揉洗或刷洗，只需用棉纱头蘸上酒精或汽油轻轻擦拭就行了。如果绒布过湿，不要用力拧绞，以免绒毛掉落而不均匀，影响美观。我们可以用双手轻轻地压去水分或让其自然晾干，这样就能够保持植绒原来的面目了。

洗窗帘不能忽视了窗帘头和帷幔,我们可以先用清水将窗帘头或帷幔浸湿,然后用加入苏打的温水洗涤,再用温和的洗衣粉水或肥皂水洗两次。注意清洗时要轻轻揉,用清水漂洗。晾时需要整理好,放在干净的桌子上或者框架上。还需注意的是,窗纱不要用机洗,特别是像玻璃纱这样轻薄的纱,直接用温水和洗衣粉的溶液或者肥皂水洗两次就行了。另外,所有窗纱洗涤干净后可以用牛奶浸泡一小时,再洗净自然风干,浸泡后的纱帘颜色会更加鲜亮。

当然,在清洗窗帘时,我们也不能忽视了对窗帘轨道的擦拭和对窗帘金属零件的清洗。窗帘轨道直接用湿布擦拭即可,那些金属零件则可以放入不穿的旧丝袜中,泡在肥皂水中进行清洗,然后拿出来晾干就可以了。

招式 4　卧室保洁要点

卧室是居室主人休憩、睡眠的地方,也是居室主人存放贵重物品之地,私密性较强。因此,家政服务人员在做卧室保洁时需要注意以下几个事项:

第一,对居室主人的隐秘,不能进行有意或无意的窥视,没有经过居室主人的示意或同意,不得擅自打开家具的抽屉和衣橱的门进行保洁操作。

第二,不能擅自移动卧室内的物品和衣物,假如确实需要移动,应该征得居室主人的同意;保洁工作完毕后,应该将移动的物品和衣物放回原处。

第三,清洁方法和用具必须安全、环保。保洁人员的动作不宜太大,以免损坏卧室内的家具或灯具。

第四,做卧室保洁时,要按从上到下、从里到外的程序进行。从上到下即卧室吊顶、墙面、家具和地面;从里到外即从卧室的最里端开始,如卧室内有阳台,则卧室保洁应从阳台开始。

第五,卧室吊顶、家具、地面等的擦拭可参照客厅的保洁方法。在此不再赘述,只强调一下地板的除菌问题。如果雇主家里有小孩子,地板的清洁除菌就很关键。孩子喜欢在地上爬来爬去,玩具扔得满地都是,如果地板没有清洁好,到处都是细菌,孩子整天在地上东摸西摸,还咬手指,就会造成疾病传播。因此,环保除菌,用消毒水稀释液对地板进行全面擦拭是有小孩之家地板清洁的重点。

第六，做好床的整理工作。首先擦拭床头板，要先用湿布擦一遍，然后再用干布擦净。用湿布擦时，注意布不要弄脏墙壁，不要将水沾到墙壁的乳胶漆上，那样会留下印记，从而影响房子的美观。其次，要整理床铺。先将被子和枕头挪去，整理床垫，用扫床用的小扫帚清扫床上的头发、皮屑之类的东西，然后铺平床罩，将床上用品及装饰物摆放整齐，做到床铺平整无褶皱和压痕。

第七，对床底下和衣柜后面等卫生死角尽管不要每天都精心打扫，但也要定期进行清洁，如若不然，这些地方就会堆积很多灰尘和毛发，成为空气中尘螨及霉菌孢子的栖身之地。清洁时，可将湿布缠到晒衣杆上伸进死角处清扫，也可使用吸尘器进行吸尘，为避免出风口把灰尘吹到床底下或衣柜后面，要在吸尘器的出风口挡一块湿布，但记住时间不能过长，否则会烧坏电机，损毁吸尘器，得不偿失。

招式5　衣柜清洁不能忘

衣柜是卧室里的主要家具，放置着日常穿戴的衣物，在人们的生活中扮演着重要的角色。衣柜的环境卫生直接影响着人身体的健康，因此，在清洁卧室时，不能忘了对衣柜的清洁。

第一，要经常打开衣柜门，进行通风和透气，也可以定期使用除湿剂，除去衣柜中的潮气，以免柜体和衣物受潮生菌，损坏人体健康。

第二，要除去衣柜轨道内的杂物和尘土。清洁时可用半湿抹布擦拭柜体和柜门，切忌使用腐蚀性的清洁剂。轨道的灰尘用吸尘器或小毛刷清理，柜架和拉杆等金属件用干布擦拭明亮即可。

第三，在日常清洁中，木质衣柜用洁净的抹布擦拭即可，若是柜体上沾有脏污，则可以酌量使用肥皂水或是中性的清洁剂，用湿布擦拭，然后用干布擦干。

第四，应该防止重物及锐器砸碰轨道、划伤柜体及门板，柜体封边不能碰水及其他液体溶剂，以免封边出现脱落。

第五，若衣柜的推拉门防尘条出现胶落现象，可及时用双面胶粘合。

第六，在清洁衣柜时，要注意推拉动作轻柔，防止用力猛拉和撞击，以延长衣柜的使用寿命。

第七,如果衣柜里出现异常气味,应该先把衣柜门打开,让气味得以散发;若无济于事,可以买些活性炭回来,用废弃的丝袜装袋封好,放入柜内,然后紧闭柜门,让活性炭充分发挥吸味功能,消除衣柜里的异味。

第二节　4招教你做好厨房保洁

厨房是家居生活中出入最频繁的地方,也是最易藏污纳垢的地方。因此,要注意在平常烹煮三餐后,顺手做好厨房的清洁和保养工作,营造舒适整洁的烹煮环境,为人的饮食健康打好基础。

招式6　橱柜的保洁要点

对于现代家居而言,时尚、方便的各式橱柜已成为不少家庭的必备用品。这些橱柜在给家庭环境带来美观效应的同时,也成了最容易被忽视的卫生死角。当人们将厨房的一些日常用具纷纷塞进橱柜,赢来厨房台面和整体环境的清爽整洁的同时,也增添了另一处容易小虫滋生,沾染油污的地方。为了保持厨房里里外外的整洁和干净,家政服务人员在做厨房清洁时要重点对橱柜进行清洁,绝对不可马虎了事。

在使用橱柜时,要注意防水。虽然现在的大多数橱柜本身已有基本的防潮处理,但仍不可直接或长时间对着柜体冲水,以免板材因潮湿而损坏。当柜体沾到水时,应该立即以干抹布擦干,保持橱柜的干爽。平日清洁以微湿抹布擦拭即可,对付那些较难擦拭的油污,可以用丝瓜布蘸上中性清洁剂进行刷洗。做定期的保养消毒时,可以将漂白水和水以1:1的比例调配成稀释液进行擦拭。在平时的使用中,应该将碗盘锅具等上面的水擦干后再放入柜子里,避免橱柜表面被尖锐物品刮伤,更不能用钢刷刷洗柜子。开关橱柜门时不要太过用力或是超过开门角度,不要让水渍长期积留在铰链和其他金属部分,以防生锈损坏。还应该经常打开橱柜通风,让它呼吸一下新鲜空气。除了清洁和通风外,还要注意防高温。无论哪种材质的橱柜都惧怕高温,因此在使用中应该尽量避免让热锅直接与其接触,以免留下热烫后的痕迹。

招式7 厨房台面的日常保养

总体来说,厨房台面的清洁和保养有擦拭、防高温、防损坏等几点。具体而言,针对不同材质的台面,要采取不同的清洁方法:

第一,天然石台面。当发现台面上有任何污渍时,都应该及时擦拭干净,以免污渍通过天然细纹渗入内部,影响美观。为了防止台面开裂,应该在使用过程中避免重物碰击台面,或与过热的物体直接接触。清洁时要选用柔软质地的百洁布,避免用甲苯类清洁剂擦拭。清除污垢时,不能使用稀盐酸溶液,这样会损坏釉面,使其失去光泽。

第二,耐火装饰板台面。炒菜后热锅不能立即置于台面上,使用时避免利器直接撞击台面,用刀具时应在台面上垫上砧板。要使用柔软的清洁布,不可使用硬度较高的清洁用具,以免刮伤贴面。顽固性的污渍可用中性清洁剂清洁。

第三,人造石台面。人造石没有细纹,对油漆和污渍等具有很强的抗御能力,清洁起来比较方便。但其质地偏软,所以不可使用摩擦性的清洁剂进行清洗,防止水中漂白剂使台面颜色变浅,影响美观。在平常的使用中,还要避免直接接触高温物体。

第四,不锈钢台面。注意不要将含盐分的物品直接放在台面上,以免台面生锈。不可使用酸性和摩擦性的清洁剂,也不能用硬度较高的钢丝球擦拭,那样容易造成表面起毛和刮伤。

招式8 煤气炉、抽油烟机的保洁和保养

第一,煤气炉:煤气炉的清洁与保养,重在平时。每天使用之后要立即以中性清洁剂擦拭台面,以免污垢长期积存,造成日后清洗困难。炉架上的顽固污渍不容易清洗,可以先用小刀将污垢刮掉,然后将炉架浸泡在小苏打溶液中,待炉架上的污垢充分溶解后,用清水冲洗干净并擦干水分。炉内的感应棒也要经常擦拭,并定期用铁丝刷去除炉嘴上的碳化物,刺通火孔,保证煤气炉的正常使用。当煤气炉出现红火时,应该适当调节煤气风量调整器,以免煤气外泄。要经常检查煤气橡皮管有无松脱、龟裂或漏气现象。为避免强风吹熄炉火,煤气炉具与窗户的距离至少30cm以上,煤气炉与吊柜及除油烟

机的安全距离则为60cm~75cm。

第二，抽油烟机:抽油烟机在保养或维修时需先将插头拔掉,以免触电。最好的保养方法即是平日使用后以干布沾中性清洁剂擦拭机体外壳,当集油杯达八分满时应立即倒掉以免溢出。集油杯是聚集油垢最多的地方,一般很难清洗,将集油杯中的废油倒掉后,最好先用清水清洗一下,然后用小苏打溶液倒入集油杯中,充分刷洗,直到洗净擦干为止。同时,还要定期以去污剂清洗扇叶及内壁,附有油网的抽油烟机,油网应每半个月清洗一次。

具体的清洁方法是:将小苏打粉末放入盆中,在盆中倒入水,将小苏打粉溶解,搅拌均匀。用喷壶盛装小苏打溶液,并将其摇匀,然后喷洒在抽油烟机的油网上,静待几分钟后,用牙刷仔细刷洗,即可清洁如新。

招式9　厨房配件如何保养

由于一般的厨房五金配件,都在外面做了电镀处理,所以,日常保养时用湿抹布擦拭即可。假如不锈钢产生了锈斑,就要购买不锈钢质保养液擦拭,以恢复产品亮晶晶原状。此外,应该先把锅具擦干或烘干,然后再放入柜体内,避免水滴直接接触橱柜的五金,以延长五金的使用寿命。水龙头和洗碗水槽等配件,应该经常保持清洁和干燥,清洗时可以先用温水冲洗一遍,再用湿布蘸少许酒精进行擦拭,能够使水龙头和洗碗水槽保持光亮如新。水槽与台面相衔接的边缝也要经常擦洗,以免滋生污垢。还有一个不容忽视的问题就是切菜板的清洁和保养。切菜板的表面有很多划痕和细缝,容易吸水,经常藏有生鲜食物的残渣。一旦清洁不彻底或存放不当,食物残渣变质后就会繁殖大量的细菌,甚至会出现霉斑。因此,切忌用完切菜板就直接把它放进橱柜,要先将其悬挂起来晾在外面风干,然后再让其归位。

第三节　4招教你做好浴厕保洁

浴厕是居家生活中每个人每天必须接触的场所,是人们每天除污去垢、清洁自己、舒缓压力的地方。因此,创造一个舒适的浴室空间,清洁工作显得格外重要。为了做好这项要求高、内容多的保洁工作,很多家政服务公司在招聘家政服务人员时，往往将浴厕保洁作为操作技能的考核项目，这足以说明浴厕保洁的重要性。

招式 10　如何做好盥洗器具的清洁

不管是哪种材质的浴缸或盥洗盆，都不能用粗硬的洁具和去污粉进行刷洗，以免损坏表面材质，影响光泽。当浴缸和盥洗盆里残留了很多皂垢时，可在上面喷一些浴厨万能清洁剂进行擦洗，就能恢复原有的光洁度。对于莲蓬头和水龙头的清洁也有讲究和技巧。自来水使用久了，莲蓬头容易被水中的石灰垢堵住，所以最好将长淋头拆下，用旧牙刷之类的东西刷洗喷水头，并用粗针清除里面的阻塞物，保证淋水正常。水龙头的硬水沉积物，以柠檬切面擦拭便能消除。此外，由于水龙头的表面都经过电镀处理，若使用不当容易产生锈蚀和斑点，可以用去污液清洁后再以柔软的布蘸一点机油来擦拭，就会很光亮，千万不可用酸性清洁剂擦拭，那样容易侵蚀水龙头。浴帘和防滑垫在使用一段时间后，难免会滋生细菌，产生菌斑。使用洗浴室去霉剂擦拭，就可以轻松去除难看的菌斑。最好每隔几天就对浴帘和防滑垫进行彻底清洗，以保持它们的清洁和卫生。若想让梳妆镜的镜面晶亮，则以玻璃清洁剂或洋葱片擦拭，这样不仅可以使镜面晶亮无比，还具有防雾、防尘的效果。

招式 11　如何清洗马桶

进行浴厕清洁工作，马桶的清洁是重点。马桶容易沾染尿渍、粪便等污物，如果平日未及时清洗，就容易形成黄斑污渍，滋生霉菌和细菌，影响人体健康。因此，要每天清洗马桶。正确的步骤是：先将马桶坐垫轻轻地掀起，在马桶内壁喷洒适量洁厕剂，过几分钟后，再用马桶刷将马桶彻底刷洗一遍，马桶座、水箱以及其他缝隙也要刷洗，这些地方很容易藏污纳垢，滋生细菌。如果便器中有顽固黄斑不容易清洗，可以先用小苏打和肥皂水除去污渍，再用醋水中和的方法进行清洁。待黄斑完全消除后，用清水冲洗一遍，洗去马桶上面的污痕，然后用干净布将其整个擦干，使马桶恢复亮白如新。如有需要，可以在马桶的水箱中放入一颗自动洁厕剂，帮助清洁、杀菌和除垢。需要提醒各位家政服务人员的一点是，要采用中性清洁剂加水或用温水来清洗马桶，绝对不可将热水倒入马桶内，以防马桶开裂。

招式 12　浴厕瓷砖清洁要得法

卫生间的瓷砖最易受到水锈和皂垢等的玷污。为了保持瓷面的清洁，使瓷面光亮如新，清洁时可以用湿布蘸上去污液擦拭，也可以在醋水中加入熏衣草精油进行擦拭，以起到杀菌留香的作用。最好不用砂纸、钢丝球等擦，因为瓷砖表面是一层玻璃质的釉料，如果变粗糙了就会更加容易结垢，也影响美观。浴室的湿气较重，若不注意清洁，瓷砖的缝隙间很容易滋生菌斑，继而发黑，既不利于人体健康，又影响浴室美观。对此，我们可以在刷子上挤适量的牙膏，然后直接刷洗瓷砖的缝隙，直到去除污渍、无异味。瓷砖接缝处的方向是纵向的，所以也应该纵向刷洗，这样才能把污渍彻底刷干净。也可采用洗浴室去霉剂进行刷洗，以达到清洁、除菌的目的。

招式 13　浴厕保洁需注意七大事项

第一，做好浴室的清洁，通风很关键，要经常打开通风扇和浴室的窗户，让新鲜空气进来，避免因水气凝结、潮湿而导致的发霉、菌斑、异味等现象出现。

第二，不能大量用水冲洗卫生间，以免破坏防水层而产生楼面渗漏，引起邻里纠纷，使小事变成大事。

第三，卫生间里盥洗盆、浴盆、马桶的保洁抹布不能混淆，要准备好几块抹布分开使用，以防交叉污染。

第四，不损坏卫生器具：卫生器具多是陶瓷质地，具有表面光滑美观、易于保洁、不透水、耐腐蚀等优点；但是也容易划伤和破碎，所以保洁时要动作轻柔，不能用硬物撞击，也不能使重物落下对其造成冲击而致使卫生器具破损。

第五，避免卫生器具和排水堵塞：一旦卫生器具或排水被堵塞，卫生间里就会产生难闻的臭味。因此，发现这类情况，应该及时通知居室主人进行修复。

第六，若浴室的门是拉门式的，拉门的轨道内容易滋生细菌，用醋进行清洗可以达到除尘杀菌的作用。

第七，在清洁卫生间时，最好戴橡皮手套，防止皮肤受到消毒液等化学溶剂的伤害。

第四节　4招教你做好家具保洁

现代家居生活中，家具是一个重要而必不可少的元素。人们根据个人的喜好选择和搭配不同材质的家具，为家增添温暖的气氛和独特的情趣。常见的家具大致分为木制家具、布质家具、皮质家具和金属复合家具等。这一节我们将为广大家政服务人员介绍一下家具的保洁要点，以便大家在进行家居保洁工作时得心应手。

招式14　木制家具的保养和清洁

常见的木制家具分为实木家具、红木家具和藤制家具三种。下面对这三种家具的保洁分别进行介绍。

实木家具的外表面涂有一层油漆，漆膜一旦脱落，不仅影响美观，而且会影响到产品的内部纹理和结构，缩短使用寿命。因此在保养实木家具时，要根据实木家具的特性，注重对其漆膜的维护和保养。要注意避免让坚硬的利器碰撞家具，使其表面不出现碰伤或划伤痕迹。夏天如果室内泛潮，就要用薄胶垫将家具和地面接触的部分隔开，同时将家具的靠墙部位同墙壁保持适当缝隙，切忌紧紧挨着墙。冬天最好将家具放在离保暖设备1米以外的地方，避免长时间高温烘烤，使木制家具发生局部干裂，出现变形和漆膜的局部变质，影响美观。要切记不要在实木家具上摆放热东西，放时要放上隔热垫，以免家具上留下烫痕，一旦出现白色烫垢，要蘸上樟脑油进行反复擦拭。如果实木家具被划伤，可以先用染料在受伤的地方做补色工作，等染料干了，再均匀地涂上一层亮光蜡。使用木制家具修补液，也能轻易地去除家具上的轻微刮痕，大家不妨试试。

在清洁上，着重介绍九种去污保洁法。

第一，水质蜡水保洁法：在家具的外表面喷淋一层水质蜡水，以质地柔软的干布进行擦拭抹干,家具便会光洁明亮,焕然一新。

第二,肥皂保洁法:用质地柔软的百洁布或海绵蘸肥皂水对家具进行擦洗,待家具完全干透后再用家具油蜡涂刷使之变得光润。

第三,牛奶保洁法:拿过期不能喝的牛奶浸泡抹布,然后用此抹布擦拭木制家具,能够起到很好的去除污垢的作用。擦完后要记得用清水再擦洗一遍,以防奶渍存留。

第四,茶水保洁法:将湿茶叶渣包裹在纱布里擦抹,也可以用冷茶水进行擦洗,会使家具特别光洁明亮。

第五,啤酒保洁法:将啤酒煮沸,放入适量糖和蜂蜡搅拌混合。当混合液冷却后,用软布蘸取擦拭木家具,再用软干布揩擦。

第六,白醋保洁法:将适量白醋和热水相混合揩擦家具表面,再用一块软布用力揩擦,可以有效去除家具上的油墨污迹,很好地保养红木家具。

第七,柠檬保洁法:家具不慎留下烫痕,可以用柠檬片或蘸了柠檬汁的抹布对家具进行擦拭,然后再用浸过热水的软布擦拭,最后再用干的软布快速将其擦干,家具即可恢复原来的光亮了。

第八,牙膏保洁法:时间久了,家具表面上的白色油漆就会发黄,影响美观。可以用抹布蘸点牙膏或牙粉轻轻敷在家具上面,利用牙膏的漂白作用,家具油漆的颜色就可由黄转白。但擦拭时切忌用力摩擦家具,因为牙膏、牙粉里的摩擦剂会把油漆磨掉,损伤家具表面,影响美观。

第九,淘米水清洁法:淘米水中含有油脂,可以滋润实木家具,因此,可以巧用淘米水来擦拭实木家具,不仅环保而且去污效果非常好。

红木家具的保养要根据四季而改变保养方法:红木家具与一般木制家具不同,它宜阴湿,忌干燥,因此,要特别注意对它的保养。1. 春季是红木家具保养最适宜的季节,这个季节可以使用蜂蜡烫蜡,进行一次充分的保养,但要经常擦拭家具,用干净的纯棉软布轻轻地擦拭,对于难以去除的污渍,可以用醋去除。将白醋和热水混合,用纯棉抹布适量蘸取擦拭家具表面,然后再用一块干净的软布用力擦拭就可清除污渍。2. 夏季气候潮湿湿润,红木家具容易受潮泛霉,因此防潮和防霉很关键,切忌用湿布擦家具,防止家具表面沾水,家具的门和抽屉要避免遭受衣物等挤压而产生变形,也要避免使用玻璃板覆盖桌面,以免里面潮气聚集。要避免家具长期暴晒在阳光下。3. 秋季天高气爽,温度适宜,也是红木家具保养的关键季节,保养的方法与春季基本相同,烫蜡一次和经常使用软棉布擦拭家具。4. 冬季,可以说是红木家具保养的关键时期,这个季节气候干燥,不宜烫蜡。可简单地擦蜡,但应注意次数要少,只擦家具背面、底面,不擦正面,对家具的水分进行适度的封闭。也要注意不能将红木家具长期放在暖气炉、壁炉等高温电器附近。另外,为了保护红木漆膜的光亮度,可以将核桃仁碾碎,去皮,再用三层纱布包缝好,然后用这个纱布包擦拭家具就可以了。一旦家里的小孩恶作剧将贴画贴到了红木家具上,可以将醋洒在脱脂棉上对家具进行擦拭。

原色藤制家具因为其"返璞归真"的特质深受人们的喜爱,清洗藤制家具也不是一件复杂的事。平常只要用布掸或小刷子之类的工具清洁藤条间的灰尘。也可以准备一盆加了洗涤剂的温水,用毛巾蘸湿后尽量拧干,彻底擦拭家具,再用清水擦一遍,清除残留的洗涤剂。如果有条件的话,可以上上蜡,保持家具光亮。若是白色的藤制家具,清洁时还要抹上一点醋,使之与洗涤剂中和,防止变色。此外,有几个保养要点需要知道。1. 要避免阳光长时间的直接照射家具,以防藤条变色和变干。2. 不要使其接触和靠近火源、热源,否则容易变形、弯曲、开裂和松动。3. 要防潮,否则藤制家具受潮后容易走样变形,一定要注意不能让它的编织形状走样,否则,即使天气干燥了,也很难收缩和恢复到它原来的尺寸和样子。4. 在使用一段时间之后,可以用淡盐水擦拭,既能去污又能使藤条的韧性保持长久不衰,还能防虫、防脆。5. 千万不能用破坏藤制家具表面的清洁剂进行擦拭,因为残留的清洁剂会妨碍藤条的正常呼吸,使其脆性增加,柔韧性急剧下降,使藤制家具变得黯然失色。6. 如果原色的藤条家具旧了,可以进行翻新。先把它清洁干净,然后用砂纸进行打磨,使表皮的污渍得以去除,并恢复光滑光亮,再在上面涂一层光漆进行保护,就可以使藤条家具焕然一新了。

招式 15 布质家具保洁要点

布质家具因其柔和的质感和富于变化、易于清洗的特点深得人们的喜爱。其清洁和保养也相对简单容易。就拿布艺沙发来说,由于布料本身的织物结构,其清洁相当重要,至少每周要吸尘一次,避免灰尘侵入布料深层难以打理。垫子也要频繁翻转,使磨损均匀分布,不致变花。如果沾上了果汁、饮料等污渍,可先用餐巾纸吸走水分,然后用干抹布沾泡沫式清洁剂擦拭。整套清洗时,需依照布质选用合适的清洗方法,需干洗的布料绝对不能水洗,避免布料因褪色或缩水而无法使用。毛绒布料的沙发可用毛刷蘸少许稀释的酒精扫刷一遍，再用电吹风吹干，如遇上果汁污渍，用一汤匙苏打粉与清水调匀，再用布沾上擦抹，污渍便会减退。

招式 16 怎样给皮质家具保洁

皮质家具以其柔软而富有弹性、坚韧、耐磨和吸汗等特性深得人们的青睐。但它的清洁和保养要特别注意技巧。由于真皮家具的价格比较昂贵，平时一定要注意避免沾染上污渍，一旦染上了，也不要忙着用清洁剂，因为如果不是专用的清洁剂很可能对家具的表皮产生伤害，起不到清洁的效果。可以用一块干净的绒布蘸些蛋清擦拭，既可有效去污，还能使皮面光亮如初。若不小心被圆珠笔划上痕迹，应该迅速用橡皮擦擦掉；沾有啤酒和咖啡等物质时，要先用肥皂水擦洗，然后再用清水洗。如果能经常用鲜奶清洗皮革，会使真皮更具光泽。

除了特殊情况的保洁处理外，还要对皮质家具进行定期保养。可以用软布少量、多次蘸取专业保养油擦拭皮面，待干后再以干燥的软布打亮。由于皮革如人的皮肤一般，布满毛细孔，而且会因人手的触摸和岁月的积淀发出自然的光泽，所以在擦保养油时，擦上薄薄的一层即可，以免堵塞毛细孔而产生反效果。

对于一些仿皮家具，也要注意清洁和保养技巧。仿皮家具在使用一段时间以后，由于胶皮底部的织物纤维潮湿，加上表面的污垢积聚，容易出现纤维裂痕和霉迹。对此，要采取正确的方法进行处理。我们可以用牙刷蘸上汽油刷有霉迹的地方，然后用布擦拭，让汽油连同霉迹一起挥发。也可以将仿皮家具搬到太阳底下去暴晒，这样效果很好，霉迹可轻松除去。如果污渍和霉迹非常严重，上述两种方法都不行，就要用调稀20倍的化学药物氨水进行擦拭，吹干后即可恢复鲜明的色彩，霉迹也荡然无存。

招式 17 如何使金属复合家具光洁如新

由于天然木材资源匮乏，家具产业越来越趋向于用多种材质来替代木材，金属复合家具就是其中的发展方向之一。目前，市场上的金属复合家具种类繁多，常见的有金属桌、椅、床等等。金属复合家具以其特有的金属光泽与电镀或烤漆处理后的特殊色泽而为人们所青睐。在清洁护理这类家具时要注意以下几点。

第一，平常清洁时用防静电的干布、软棉布或纸抹布清除灰尘，保养上则必须依照材质特性选择适用的保养清洁剂。

第二，为保持金属家具常新，可在干布上滴几滴机油进行擦抹，也可以用上光蜡、植物油防锈。

第三，防止对金属家具进行曝晒，以免电镀层和漆件剥落。

第四，给金属家具添加保护膜。先擦除镀锌的油脂、锈斑，再将脂胶清漆用松香水调匀，涂于镀锌件表面，经晴天自然干燥，形成牢固的漆膜，保持原有光泽，防止生锈，延长使用寿命。

第五，平常不要把金属家具放在潮湿的角落，应该放在干燥通风的地方，以防锈蚀。

第六，挪动金属复合家具时要防止磕碰和划伤表面保护层，要注意经常检查金属复合家具的折叠、连接部位以及橡胶垫脚，如有开裂、生锈、脱层、垫脚破裂等状况，应立即告知雇主进行修复。

第五节　6招教你做好电器保洁

目前，居家生活中的电器种类繁多，每种电器的清洁和保养都不尽相同，各有侧重。但无论哪种电器，都要遵循如下清洁原则：清洁前一定要断开电源；切忌用水直接冲洗；不可用挥发性的溶剂擦拭。本节将选取家庭常用的电饭煲、微波炉、冰箱、电风扇、电脑、电话等电器，对这些电器的日常保洁工作作介绍。

招式18　电饭煲的保洁

电饭煲是普及率较高的家用电器，每天做饭都要用到它。经常保持电饭煲的清洁可以延长其使用寿命。

第一，电饭煲外壳的保洁。电饭煲的外壳容易沾上油垢，保洁时不能用水泡洗电饭煲的外壳、电热板及开关等,可先用中性洗涤剂擦拭,再用清水擦拭干净。需要注意的是,要及时清除电热板上的污物,以免影响热传导。

第二,电饭煲内锅的保洁。直接用水洗涤内锅,用干布将水渍擦拭干净后放入电饭煲内。切记不要用金属利器铲刮内锅,也不要用钢丝球擦洗;要及时清除内锅底的污物,使电热板与内锅底紧贴,起到良好的热传导作用。当电饭煲内部控制部位有饭粒或污物掉进去时,应用螺丝刀取下电饭煲底部的螺钉,揭开底盖,将其中的饭粒污物除掉。若有污物堆积在控制道某一处时,可用小刀清除干净后,用无水酒精擦洗。

招式19 微波炉的保洁

微波炉以其做菜简单、方便的优点在现代家居中占据了一席之地,但微波炉也是个容易藏污纳垢的地方,污垢多了,不仅会影响食物的烹调,还可能引起火花或烟雾,使电磁辐射增加。因此,平时就要养成随时清洗的习惯。

第一,表面保洁。用软布蘸中性洗涤剂或液体肥皂进行擦拭,然后用清水擦净洗涤剂,并用软布擦干。

第二,内腔保洁。可用湿布蘸洗涤剂擦洗微波炉的炉门和内腔,去除里面的油污和脏物,再用清水擦净,不能用去污粉擦洗。炉内玻璃转盘要保持清洁。当玻璃冷却后取出用洗涤剂清洗,然后用清水冲干净,擦干,防止油垢腐蚀转轮,每周至少清洗一次。

第三,消除异味。舀几匙柠檬汁,放入一杯水中,然后在微波炉里加热一分钟,可以消除微波炉内的异味;或者用干净的软布蘸热柠檬汁擦拭微波炉内部,也可除去异味。

第四,杀菌消毒。可在耐热容器中喷洒醋水,然后放入微波炉中加热两三分钟,在微波炉温热的时候,用湿布进行擦拭,可以起到杀菌消毒的作用。

需要提醒的是,对微波炉进行保洁前一定要断开电源;不要使用金属物体保洁炉门及炉腔;长期不使用时,将炉体各部分残留的水渍、油垢擦干净,避免生锈。

招式20　怎样做好冰箱保洁

冰箱是现代家庭不可缺少的家用电器。冰箱的保洁可以分为两个方面：一是正确使用保洁；二是日常清洗保洁。

平时使用冰箱时要注意：食品放入冰箱之前最好先密封起来，这样不但能防止水分蒸发，保持水果、蔬菜的新鲜，而且也能防止食品之间互相串味。热食放入冰箱之前，先要冷却至室温，食品也要先清洁，待擦干上面的水珠，裹上保鲜膜后再放入冰箱内贮藏。冰箱还应定期除霜，如果蒸发器表面结有厚霜，将对蒸发器冷量的传递不利，吸热效率降低，冰箱温度就降不下来，因而增加耗电量和压缩机的运转负担。

冰箱用久了以后会产生异味，成为滋生细菌的地方。因此必须定期清洁冰箱。在清洁前，为了安全起见，先要把电源插头拔掉，然后用浓度3%的小苏打擦洗冰箱储藏室内的污垢，这样能除去油垢和异味；冰箱内的角、孔、槽等处也要用海绵加醋或清洗剂清洗，不但能磨掉污渍，同时亦可抗菌。冰箱门封胶条也很容易弄脏，常常会留下细小的脏物，因此要经常保持清洁。冰箱背后及左右两侧板上的尘埃也要经常清除，以增强冰箱的散热能力。此外，也不能忽视对冰箱外表面的清洁，如果冰箱外面发黄，沾满油污，一定会让人觉得很不舒服，因此，要经常对冰箱表面进行擦拭，保持表面的干净。如果发现冰箱表面出现浅伤痕，可以涂上指甲油来掩饰，且防止损伤处继续扩大。

招式21　电风扇保洁技巧

夏天到了，电风扇成了居家生活必需的用品。它能给人们带来丝丝凉意，帮助人们度过炎炎夏日，也容易落尘，滋生细菌，传播疾病。因此，要特别注意对电风扇的保洁。电风扇的种类繁多，通常有台扇、落地扇、壁扇、吊扇、吸顶扇等，虽然结构不同，但基本清洁保养方式大同小异。

第一，日常清洁。电风扇使用一段时间后，扇叶上会落满灰尘，沾满油垢，一定要定期清洁。清洁方法为：卸下外罩和扇叶，用水清洗干净，污垢严重时可用中性洗涤剂擦洗，每一片扇叶都要彻底洗净，不能留卫生死角；用软布擦干或晾干；安装后再用干布通擦一遍。切忌用汽油、强碱液擦拭，以免损伤表面油漆及塑料件的性能。

第二，收藏前的清洁。收藏电风扇前要彻底清除表面油垢、积尘。其方法为：卸下电风扇的外罩和扇叶，用水或中性清洁剂清洗干净，然后用干净的软布擦干或晾干，再用牛皮纸、报纸或干净的布包裹好放在通风干燥的地方保存，以便来年夏天再用。

招式22 电脑清洁要点

现代家居生活中，电脑的普及率和使用率很高。由于经常使用，电脑容易受到污染，并传播疾病，因此，要经常清洁，保持电脑的清洁卫生。电脑的清洁包括主机、显示器、键盘、鼠标等的清洁。

第一，主机清洁。可用干净的软布或海绵蘸上小苏打溶液擦拭主机外壳，机器内部的清洁需要请专业人士进行。

第二，显示器的清洁。由于显示器屏幕怕刮、碰和摩擦，因此可用软布蘸上温和的洗涤剂擦拭，不能使用硬布、硬纸蘸上酒精和汽油等有机溶剂擦拭。

第三，键盘的清洁。键盘上存在很多的细菌，必须经常对其进行清洁。先用吹风机对准键盘按键上的缝隙吹，吹掉部分附在其中的杂物，如头发丝、饼干渣等。然后用一块软布蘸上专用清洁剂擦拭键盘，注意软布不能太湿，再用干布擦拭干净。如果发现键盘的缝隙中有污渍，可用棉花棍蘸清洁剂擦拭。清洗干净了，消毒不能少。可以蘸上酒精、消毒液或药用双氧水等进行消毒处理。

第四，鼠标及鼠标垫的清洁。鼠标垫容易落尘，使鼠标小球在滚动时，将灰尘带入鼠标内的转动轴上，影响鼠标轴的转动，使鼠标利用起来不畅。因此，需要经常打开鼠标底部滚动球小盖进行除尘，鼠标垫也要及时擦拭清洁干净。

需要提醒各位家政服务人员的是，清洁电脑时用的布一定不能太湿，以防电脑进水，那样的话很容易使电脑受潮，影响正常工作甚至损坏电脑。

招式 23 电话机要经常清洁消毒

电话机是现代居家生活必不可少的通讯工具，使用频率极高。电话机的污染主要通过以下两个途径：人们在拨号和接触电话机的时候，把手上的细菌、病毒、寄生虫卵等沾染在电话机上，容易造成接触感染和交叉感染；人们在打电话的时候，把口腔中的病菌喷到话筒上，使话筒受到污染。因此，电话机的保洁主要涉及去污和消毒两个方面。

第一，电话机的清洁。电话机使用时间久了，很容易布满灰尘，尤其是话筒手握的部位，更是容易污染上油污，即使套上了专用的电话保护套也不能保证电话不落尘、不受污染。因此，要时常清洁电话机，用湿抹布或蘸有中性清洁剂的抹布对其进行擦洗。

第二，电话机的消毒。电话机上容易沾染病菌，只是普通的清洁是远远不够的，必须定期对其进行消毒。电话机的消毒可采用电话消毒膜和消毒剂擦拭的方法。消毒膜无腐蚀性，不妨碍传话效果，使用时将其直接贴在话筒上即可，一般可使用1～3个月。用消毒剂擦拭时，应选用0.2%的洗必泰溶液，也可用75%的酒精擦拭电话机外壳，以达到消毒的目的。

第六节 4招教你做好衣物保洁

家政服务人员做好居家清洁工作的一项重要任务就是衣物的保洁。为雇主准备的干净整洁的衣服，能让他们身心舒适，心情愉悦，充满自信。因此，掌握不同质地衣物的保洁护理技巧，对家政服务人员做好工作相当重要。

招式 24 如何护理棉织品衣物

棉织品衣物透气性好，容易吸汗，质地柔软，穿在身上非常舒适，成为人们衣橱里最受欢迎的衣物。对这类衣物的护理要讲究技巧，应该注意以下几个方面：

第一，如果不小心将果汁等酸性物质洒在了棉织品衣物上，要立即用清水处理,以免污渍停留过久而难以清除。

第二,清洗棉织品衣物时要选用弱碱性洗力强的洗洁剂。

第三,将变黄的棉织衣物放在水中,加入适量洗洁剂后一起煮30分钟,再用清水搓净,便可恢复原貌。

第四,棉织品衣物对阳光极度敏感,过度曝晒时很容易褪色,因此,在晾晒棉织品衣物时,最好翻面晾晒,白色、蓝色、紫色、粉红色的衣物尤其要谨慎对待。

第五,在烫熨棉织品衣物时,熨斗温度要高,需要达到180度左右,才能烫得平整,烫时最好适度喷些水使湿气均匀渗透后再行熨烫,以达到事半功倍的效果。

招式 25　如何防止衣物掉色

第一,用醋泡洗法。颜色鲜艳的纯棉衣服和针织品容易掉色,可以在洗涤这些衣服之前,往洗衣服的水中加上一些普通的醋,泡上一会就可轻松解决问题。

第二,盐水浸泡法。新买回的牛仔服容易褪色,在首次清洗前要先用浓盐水泡大约半个小时,然后再按照常规方法清洗。如果仍有轻微掉色的话,可以在每次下水清洗之前先用淡盐水浸泡上十分钟,长期坚持下去,衣服就绝对不会再掉色了。

第三,花露水清洗法。在洗棉织品或毛线织品时,滴入几滴花露水进行浸泡,能对衣物起到护色、消毒杀菌和去除汗味的作用。

第四,反晾法。把衣服反过来晾晒,能防止深色衣物掉色。

招式 26　如何轻松洗掉衣服上的霉点

当天气闷热、空气潮湿或换季的时候,洗过的衣服很容易长霉点,应该如何应对这些霉点呢?下面提供几种方法:

第一,将衣物拿到阳光下暴晒,然后用刷子刷去霉毛,用酒精进行清洗。也可将被霉斑污染的衣服放入浓肥皂水中浸透,带着皂水取出,置阳光下晒一会,反复浸晒几次,待霉斑清除后,再用清水漂净。

第二，可以把绿豆芽放在霉点上，双手使劲搓揉，直至霉点颜色变浅、消失，再用清水冲洗即可。

第三，不同质地的衣物要区别对待。如果是丝绸衣物，可先用柠檬酸洗涤，后用冷水洗漂；如果是麻织物的霉渍，可用氯化钙液进行清洗；毛织品上的污渍可先用芥末溶液或硼砂溶液进行清洗，然后拿到太阳底下暴晒，彻底去除潮气；皮革衣服上有霉斑时，可用毛巾蘸些肥皂水进行擦拭，去掉污垢后立即用清水洗干净，待晾干后涂上夹克油即可。

招式27 如何熨烫衣物

烫衣时首先要把烫衣板放好，检查烫衣板是否加上了隔热罩。要熟悉各种衣料对温度的要求，遵循由低温到高温慢慢调的原则，选取合适的熨斗温度。熨斗中的储水量要适中，不可太满，否则会有多余的水漏湿衣物，引致衣物出现衣渍。具体到衣物的质地，有以下不同烫法。

第一，毛料衣服有收缩性，科学的方法是在反面垫上湿布进行熨烫；假如采取正面熨法，毛料要比较湿，熨斗要热，呢料烫黄时，可先刷洗，让烫黄的地方失去绒毛露出底纱，然后用针尖轻轻挑无绒毛处，直至挑起新的绒毛，再垫上湿布顺着织物绒毛的倒向熨。

第二，熨丝绸织品时，要从反面轻些熨，不宜喷水，若喷水不均会出现皱纹。丝绸品不慎被熨黄，可用少许苏打粉掺水调成糊状，涂在焦痕处，待水蒸发后再垫上湿布熨。

第三，针织衣服容易变形，只要轻轻按着烫就行，熨带有凸花纹的毛衣等编织物时，先垫上软物，铺上湿布再烫。

第四，熨烫有皱褶的裙子时，应该先熨褶边，再熨整个褶皱。熨衣物时掺入少量牛奶，可令旧衣物熨后光洁如新。

第五，熨衣裤前，如果在垫布上喷上一点香水，就会使衣服充满芳香。要想保持裤线笔挺，在熨烫裤子时，用棉花球蘸一些食醋沿裤线一探，再用熨斗烫，就能使裤线挺直。

第六，熨领带时，先用厚纸板剪一块衬板，放入领带正反面之间，然后用湿熨斗烫，这样能使领带更平整美丽。

第七节 2招教你做好地板保洁

居家生活,地板的保洁很重要,地板是否干净,也成为判断居室卫生状况的重要指标。因此,作为家政服务人员,一定要做好地板的保洁工作,让这个最易显示出保洁水准的地方保持清洁卫生,为雇主及其家人创造舒适整洁的生活环境。

招式28 木地板的保洁

随着人们生活水平的提高和物质消费需求的提升,越来越多的人给家里铺上了木地板。木地板在带来豪华装饰效果的同时,也让地面的清洁工作变得复杂繁琐起来。由于木地板属于易磨损的生活用品,走路时带来的摩擦,家具物品的移动都会对地板造成损伤,木地板的打理也不能像打理地砖一样,用拖把拖拖了事。要使木地板保持光滑整洁和明亮舒适的效果,并滋润木质和有效地防止虫蚁蛀蚀,最能考量清洁人员的耐心和技能。

居家生活中,应该尽可能地保持地板的干燥和清洁,避免与大量的水接触,更不允许用碱水、肥皂水擦拭。日常清洗中,应使用含水率低于30%的湿布清理表面,如果地板被醋、盐、油等沾染出现污点,就要使用地板专用的清洁用品进行清洗。若被刮擦,要使用带有颜色的修复膏修复。每隔一段时间还要打蜡保养,打蜡前要将地板表面的污渍清理干净。下面介绍几种轻松去除木地板污渍的办法:1.油渍、油漆、油墨,可使用专用的去渍油进行擦拭。2.血迹、果汁、红酒等污渍,可用半湿抹布蘸上适量地板清洁剂进行擦拭。3.蜡和口香糖等污渍,先将冰块放在污渍上面,使之冷冻收缩,然后轻轻刮起,再用湿抹布或干抹布蘸上地板清洁剂进行擦拭,不可使用强力酸碱液体对木地板进行擦拭。4.给地板打蜡后,时间一久,蜡就会凝固成厚厚的印迹,使木地板的颜色看起来不均匀,影响美观。遇到这种情况,我们可以买些木匠专用的红砂纸,把厚厚的印迹擦除,待将见木质时停手,然后用平时所用的蜡在上面抹匀,稍干的时候再涂一次,则可以恢复原来的光泽,切记不可使用挥发油之类的东西,这样会使地板吸入化学溶剂当中的颜色,使情况变得更加糟糕。

此外，要经常保持室内通风，既可以使木地板中的化学物质得以挥发，排向室外，也可使地板保持干燥。热天要避免阳光暴晒，最好拉上窗帘，避免阳光直射进来，加速木地板的老化，引起木地板干裂和开裂。雨天要注意不让雨水顺着窗户等地方进来淋湿木地板，如果木地板被雨淋湿，就要及时采取措施擦干它，否则木地板很容易膨胀变形，严重的还会发霉。这些在日常保养中应特别注意。另外在搬动室内家具时要轻拿轻放，家具的脚应该垫上橡皮脚垫，以防来来回回搬动划伤木地板，影响美观。

招式29 地砖的保洁

地砖的保养相比木地板来说容易得多，用拖把擦拭地面即可。一般污迹用中性洗涤剂、肥皂水清洗，即能保持地砖表面的清洁。当地板砖表面出现轻微划痕时，可以在划痕上涂少许牙膏，用柔软干布用力反复擦拭，直至擦去划痕，再打上地砖蜡，可使瓷砖光亮如新。通常情况下，最好三个月打一次蜡，这样不但便于地砖的保养，并能增强其使用效果。砖与砖缝隙处可以不定期用去污膏去除污垢，再在缝隙上刷一层防水剂，可有效防止霉菌的繁殖和生长。但是，如果地砖沾上了特殊污染物，就要区别对待，用不同的清洁剂进行清洗。比如地砖上沾染了药水、茶水、咖啡、啤酒、油脂等污渍，就要用碳酸钾溶液和氢氧化钠进行清洗；如果沾上了墨水和铁锈，就要用盐酸、硝酸等稀酸溶液清洗；家里的小孩不小心将绘图笔液洒在了地砖上，那就要用松节油或丙酮清洗；酱油和醋的污渍则要用酸碱溶液清洗；如果地砖上沾上了胶，可以用香蕉水去除，纯香蕉水是无色透明易挥发的液体，有较浓的香蕉气味，微微溶于水，能溶于各种有机溶剂，因此，可以用来去除胶等污渍。总之，要具体情况具体对待。

第八节 2招教你做好墙面和玻璃保洁

墙面和玻璃的保洁，虽然不及地板保洁那么重要，却也是不容忽视的细节。整洁的居家环境，需要对房屋的各个角落、各种器具进行清洁，谁也不希望看到自己家的墙上沾满污渍,原本光洁明亮的玻璃因长久不擦拭或擦拭不当而变成"大花脸",影响美观。因此,家政服务人员不能忽视对墙面和玻璃的清洁和保养。

招式30　墙面保洁妙招

居家生活,房屋内的灰尘会吸附到墙面上,与空气中的不洁水蒸气溶解并渗入到墙面材料内部,导致墙体发黄发暗,影响美观。因此,对墙面进行定期除尘,保持墙面的清洁十分必要,家政服务人员在做保洁工作时不能忽视了对墙面的清洁。

首先,要对墙面进行吸尘清洁,除去表面的浮灰。

其次,擦洗污渍,不同材质的墙面要区别对待。对耐水墙面可用水擦洗,洗后用干毛巾吸干即可;对于不耐水墙面可用橡皮等擦拭或用毛巾蘸些清洁液拧干后轻擦,总之要及时除去污垢,否则时间一长会留下永久的斑痕;如果墙壁上被孩子画上了蜡笔画,可以用清水将环保海绵蘸湿拧净,以画圆的方式擦除掉蜡笔痕迹,再以干抹布擦干净即可;如果墙壁上出现了油笔痕迹,可以用抹布蘸上酒精进行擦拭,就可将油笔痕迹轻松擦除;如果墙壁上留下了胶水痕迹,可用湿布铺在胶水上搁置1个小时,或重复浸湿,直至胶水变软能够搓除为止。如果胶水不是普通的胶,而是万能胶之类顽固的东西,就要用稀释料进行擦拭,有点费工夫了。对于墙纸或墙布,则先用吸尘器全面吸尘,然后用海绵沾稀释后的清洁剂擦洗,并用吸水机吸净已洗完的墙纸和壁布,以延长墙纸和墙布的使用寿命。如果发现墙纸因年久日照而变黄,想要恢复原来的颜色,可以用安全漂白剂进行擦拭,若墙纸是因烟熏而泛黄,则应该用火碱溶液进行擦拭。如果墙纸上出现了黑斑,很难由外表去除斑点,因为墙纸内的霉菌仍然会滋生,因此,必须将墙纸撕离,用铲子铲去有霉的墙灰,重刷防潮漆后待干透,然后再张贴新的墙纸。可用墙纸店已经调好的胶水,均匀而稍湿地涂于墙纸底层,然后抹平贴好即可。贴好后,白天要打开门窗,保持通风,晚上要关上窗户,防止潮气进入,以免刚刚贴上的墙纸被风吹得松动,从而影响粘贴的牢固程度。对于那些不耐水的墙布,出现污渍后可用橡皮擦除,也可用毛巾稍微蘸上一点清洁液,拧干后轻轻地擦拭,一定要避免抹布过湿,以防破坏墙布。

第三,不同地方的墙面采取不同的保洁方式。清洁客厅和卧室的墙面,主要是除尘。除了每天擦去表面浮灰外,还要定期用喷泉雾蜡水清洁保养;清洁卫生间的墙面,则要使用中性清洁剂清洁,洗后一定要用清水洗净,否则时间一长,会使表面失去光泽;厨房的墙面保洁最费功夫,要求每天做完饭后对墙面上沾有的污渍、油渍及时进行清洗,保持墙面的光洁。

最后,如果墙壁上出现霉斑,可以先用洗衣粉擦抹一次,稍干再用粗鬃毛刷去霉斑,也可以用火碱水进行擦洗,会收到很好的效果。为了防止墙壁受潮,要经常开窗通风,尽量让阳光晒进室内,保持室内干燥。梅雨季节可以用空调和抽湿机进行防霉,也可以放些吸潮炭。

招式31 9种方法使玻璃光洁如新

第一,玻璃上有污迹和油污时,先将玻璃用湿布擦洗遍,然后再用干净的湿布沾适量白酒,稍稍用力在玻璃上擦一遍。擦过后,玻璃即干净又明亮。

第二,用醋擦洗玻璃或镜子上的油漆和灰尘很简单有效。

第三,将废报纸搓成团擦玻璃,报纸的油墨能很快把玻璃擦净。

第四,含有少量氨水的热肥皂水能将玻璃上的蜡清除。

第五,将洋葱切成片或用残茶擦玻璃,不但能强效去污,使玻璃光洁明亮,还能防止落尘沾灰。

第六,拿干净的黑板擦来擦玻璃,能使玻璃干净明亮,还快速省力。

第七,用啤酒擦玻璃,速度快、省气力,功效丝毫不比其他清洁剂差。

第八,如果玻璃上沾上了胶纸,可以先用单面刀片贴着玻璃平刮,去除硬迹,然后用刷子蘸上碱水抹拭擦净即可。

第九,擦玻璃时在水中放适量蓝靛,能增强玻璃的光泽,使玻璃不易沾染上尘埃。

温馨提示

清洗瓷器有讲究

伴随着人们生活水平和消费档次的提高,现代居家生活中,收藏几件精美的瓷器已不是什么稀罕事。赏玩瓷器的同时,对瓷器的护理和清洁也很重要。瓷器胎薄、质轻、娇嫩、易碎,因此要小心护理。

平常可用柔软的画笔清扫瓷器上的灰尘,用柔软的刷子刷瓷器的缝隙,再用一块湿布擦拭瓷器。但是对于低温釉瓷器来说,就不要轻易地拿布或刷子去擦拭,一旦处理不当,很容易加重釉层的剥落。打理瓷器时,要把瓷器搁在塑料盆里清洗,以免瓷器被碰伤。可以用碱水、肥皂水或洗衣粉清洗,再用清水冲净,直到污渍退尽;如清洗的瓷器有开片或冲口、裂纹之类,污渍嵌入很深,浸之不去,可用棉纸蘸淡硝酸贴在裂纹处,污渍即可除去。洗刷薄胎瓷器,要控制好水温,以防冷热水的交替使瓷器发生爆裂;彩色瓷器可能会出现泛铅现象,可先用棉签蘸上白醋擦洗,再用清水洗净。

第二章
10招教你安全使用燃气和电器

shizhaojiaoni'anquanshiyongranqihedianqi

第一节　2招教你安全使用燃气
第二节　5招教你安全使用大电器
第三节　3招教你安全使用小电器

简单基础知识介绍

我们常常会通过电视、报纸、网络等媒体获知这样一些信息：某市一家庭发生电视爆炸燃烧事故；某小区一居民在使用热水器时，煤气中毒身亡；某县一居民家中发生煤气泄漏，引发煤气爆炸等。面对频频发生的家用电器安全事故，我们不得不谨慎小心起来，认真遵守家用电器的安全使用法则，将灾祸的发生率大大降低。作为一名家政服务人员，学习和掌握常用家用电器的使用常识非常重要，因为在居家服务中，这些电器你随时都要接触到，掌握了要领，你就会变得得心应手，泰然自若；如果一知半解，你则会变得紧张不安，频频出错，甚至会引发人人都不想看到的安全事故，后悔莫及。

行家出招

第一节 2招教你安全使用燃气

燃气以其高效、节能受到了广大市民的青睐。但由此引发的安全事故也不容忽视。如果用户不了解炉具性能，操作方法错误，就很容易导致灾祸发生。因此，家政人员在为雇主进行家政服务时，一定要牢记安全用气事项，否则一旦引发事故，后果不堪设想。

招式32 如何安全使用燃气

第一，使用燃气时应有人专门照看，使用完毕后要及时关闭阀门。

第二，当闻到臭鸡蛋的味道时，有可能是燃气泄漏。燃气一旦泄漏，在密闭空间达到一定浓度时，遇火源就会发生燃爆，因此，一定要保持厨房通风换气。

第三，发现燃气泄漏时要迅速打开门窗通风，严禁开启任何电器，杜绝明火，并立即拨打燃气服务热线，让专业人士来维修。

第四,避免汤水煮沸溢出,淋熄炉火。

第五,切勿在灶具旁边放置易燃物品,窗帘之类容易被风吹动的物品要远离炉灶,以免引起火灾。

第六,应经常清洁油渍及污渍,以免积聚日久,引发火灾。

第七,切忌在管道上悬挂任何物品,以免造成管道松动而发生煤气泄漏;也不要包裹各类燃气设施,避免造成密闭空间漏气封存,遇明火而发生事故,出现故障也不便维修。

招式 33　如何应对炉具使用过程中出现的问题

第一,拧动燃具开关后,一定要确定燃具点着火。如果燃具失灵,没点着火,而燃具开关一直开着,会造成煤气泄漏。

第二,如若连续三次都打不着火,就先停顿一会儿,确定煤气消散后,再重新进行打火。因为此时的燃具虽未点着火,但煤气已多次释放,一旦遇到明火,极易燃爆。使用热水器尤其要注意这个问题。

第三,切勿在无人照看的情况下使用燃具。汤、粥、牛奶、面食等烹煮时容易溢出,一定要多加照看,以免溢出的汤水淋熄炉火,造成煤气泄漏。

第四,假如发现火焰缩回到火孔内部,伴有"噗"的爆鸣声,即为"回火"。"回火"容易烧坏燃烧器,甚至使燃烧中断、火焰熄灭,造成煤气泄漏。应对这一问题的办法是立即关闭炉具开关,然后分析原因,排除故障:假如是因为烹饪锅压住了火,使炉头的温度过高而引起回火,就应该设法垫高烹饪锅。假如是喷嘴堵塞,使煤气流量减少而引起回火,就应该清洗喷嘴。假如是炉头与火盖配合不好,留有较长的间隙而引起回火,就要调整炉头和火盖的位置。假如是火孔受顶风影响而引起回火,就应该设置防风圈。

第五,若发现黄色火焰出现,说明煤气燃烧不正常。黄火不仅会浪费煤气,而且容易熏黑燃具,产生较多一氧化碳,使人中毒。应对这一问题要具体分析,假如是风力问题,就应调节炉底下的风门,调整进风口面积。假如是燃具的炉头或内部积淀了污垢造成堵塞,就应该尽快进行清理和疏通。

第六,要养成"人走火熄"的好习惯。使用完毕、睡觉前、外出时,应检查是否已关闭燃具开关、旋塞阀、球阀。

第二节　5招教你安全使用大电器

伴随着人们生活水平和物质消费能力的日益提高,电视、冰箱、洗衣机、空调、微波炉等大功率的电器已经"飞入寻常百姓家",成为家居生活的必备品。家政服务人员大多来自农村,对这些门类繁多、性能各异的电器难免不太熟悉,而这些家电往往又是家政服务人员在为雇主提供家政服务时常常用到的,因此,家政服务人员到雇主家里后,要尽快熟悉这些常用大家电的安全使用方法,避免因不会用而造成损害或发生意外事故。

招式34　电视的安全使用法则

电视作为耐消费家电,在居家生活中的使用频率最高,要掌握电视的安全使用法则,避免危害发生。

法则一:电视机不宜无节制地反复开关,这样会加速老化、影响其使用寿命。

法则二:不要在电压过高或过低时开机,开机后切忌用湿冷布或冷水接触荧光屏,以免引起显像管爆炸。

法则三:防止液体进入电视机使其受潮,否则会导致电路漏电或引起元器件损坏。

法则四:避免金属异物掉入电视机内。

法则五:避免阳光直射荧光屏。阳光曝晒,不仅影响收看,而且还会使荧光粉老化,发光率下降,寿命缩短。

法则六:为了防尘,可以给电视机做个罩,但要注意通风散热问题,电视机开着时要将罩子取下,关机后等电视机冷却了再将罩子套上去。

法则七:连续收看的时间不要太长。时间越长,电视机的工作温度越高。一般连续收看4～5小时后应关机一段时间,等机内热量散发后继续收看。高温季节尤其如此。

法则八:雷电时不要收看电视,同时要拔出电源插头及室外天线插头,避免因雷电瞬间冲击而造成电视机损坏。

法则九：不要随意打开电视机的后盖，用手去触及里面的电路元件，以免发生被灼伤或电击等意外。

法则十：看完电视，最好使用电源关机，不要贪图方便用遥控器直接关机，遥控关机电源部分还在工作，不但耗电，而且长期遥控关机还会引起受磁现象。

招式35 如何正确使用冰箱

在使用冰箱前，要先查看电器是否受潮，插头、电线是否完整、安全。电源线应远离压缩机热源，以免烧坏绝缘造成漏电。平时不要在冰箱的后面塞放可燃物，要保持冰箱后部的干燥通风，防止阳光直晒或靠近其他热源。

往冰箱里存放食品时，最好根据每次食用的份量用保鲜袋或保鲜盒分开包装，取食的时候只取出一次食用的量，既省电，也减少反复解冻、速冻对食物产生的破坏；不要一下子存放过多的食物，食物之间要留下空隙便于冷空气循环，有利于提高冰箱对食物的降温速度。放入冰箱的食物也有讲究，并不是任何食品都能存放在冰箱里。比如香蕉，如果放入冰箱保存的话，就会发黑腐烂。火腿肠也不宜放入冰箱，低温贮存时火腿肠容易结块或松散，取出后极易腐烂；巧克力在冰箱里冷藏后，表面会立刻结出一层白霜，特别容易发霉变质。

冰箱在使用一段时间后，就会出现异味，要及时除臭，消除异味。除了用除臭剂除味或及时清洗冰箱以外，可用下列简便方法除味。可以拿一块干净纯棉毛巾，折叠整齐后放在冰箱上层网架边，吸附冰箱中的气味，晒干后反复使用，可达到净味目的；也可以将新鲜橘皮洗净擦干，散放在冰箱里；还可以用纱布包50克茶叶放入冰箱，30天之后取出暴晒，再装入纱布放进冰箱反复使用，以达到消除异味之功效；用柠檬、橘子皮、活性木炭来去除冰箱内的异味也是不错的选择，能起到很好的功效。

冰箱的定期除霜也很关键。人工除霜是一件费时费力的活，有一个办法值得尝试。我们可以按照冰箱冷藏室的尺寸，剪一张稍厚的塑料膜，贴在冷藏室的结霜壁上。进行除霜时，先将冷藏室的食物暂时拿出来，再把塑料膜揭下进行抖动，冰霜就可以全部脱落，然后再重新贴上一张塑料膜，再将食物放入冰箱，继续使用。

最后还要记住几点注意事项：千万不能用水冲洗冰箱，以免温控电气开关进水受潮，损坏冰箱，应用湿抹布擦拭；不能在冰箱工作时，随意连续地切断和接通电源，这样容易使压缩机出故障，电源保护装置一旦失灵的话，冰箱就容易被烧坏；不能把玻璃类或易碎物品如汽水瓶、酒瓶等放入冷冻室内，以防冻裂；不能用湿手触摸冷冻室，以防手冻伤、皮肤被粘。夏季拿冷饮时，手一定要干燥，尽可能避免直接碰触冷冻室内壁。

招式 36 如何安全使用洗衣机

一般来说，洗衣机洗衣快速方便，安全可靠，节省了家政服务人员的不少时间和精力。但有几点使用须知还要记牢，以确保洗衣机的安全使用。

第一，最好将洗衣机放在干燥的环境，避免其受潮而机体损坏、外壳生锈。

第二，要确保洗衣机安全接地，否则可能发生触电事故。

第三，洗衣过程中，不要用湿手去拔插头。洗衣机波轮、搅拌器等旋转部件运转时，不要打开机盖，更不能将手伸进桶内。

第四，如果感觉洗衣机的运转声音异常，或出现不启动、转速变慢、冒烟、漏水、漏电、有焦煳味等现象，应该立即切断电源，排除故障后方可使用。

第五，50度以上的热水是不能直接倒入洗衣机内的，那样会使洗衣桶和防水密封圈老化变形。

第六，一次投入洗衣机的衣物不能太多，否则会使电机负荷增大，继而导致线热，发生短路而起火。

第七，应该按照质地、颜色、脏污程度对衣服进行分类，然后分批放入洗衣机内进行洗涤。洗衣前，要先清除衣袋内的杂物，防止铁钉、硬币等硬物掉入洗衣桶；有泥沙的衣物应清除泥沙后再放入洗衣桶；毛线等要放在纱袋内洗涤。

第八，不要将用汽油等易燃液体擦洗过的衣服立即放入洗衣机去洗。应该先拿到室外去吹干，待衣服纤维中的易燃液体挥发殆尽后，再用洗衣机洗涤。

第九，应按照说明书的介绍投放洗衣粉，不可过多或过少。

第十，每次洗涤完衣物后，不要立即关合洗衣机盖，要擦干转筒，清理过滤网上的线头等杂物,然后将其晒干,并经常打开洗衣机盖子保持通风,不要让洗衣机出现异味。

第十一,用完洗衣机后,别忘了将电源插头拔下,以免洗衣机长期处于待机状态。

第十二,清洗洗衣机时,不能用水直接冲洗,维修洗衣机时要确保洗衣机不带电,否则容易出现触电事故。

招式37 微波炉使用九要点

第一,为了防止漏电,微波炉必须接地线。切勿让微波炉靠近煤气炉、暖气管等热源。

第二,微波炉工作时,炉腔内不能没有食物而空烧,那样会烧损磁控管。

第三,要使用耐高温的玻璃制品或陶瓷制品进行加热,切忌使用金属用具。

第四,每次放入微波炉的食物不宜过多过厚,尤其是解冻的食品,如果太多太厚的话,容易造成外面已解冻,甚至煮熟,而内部尚未化冻。

第五,要控制加热温度和时间,避免过热和时间过长。

第六,加热鸡蛋、板栗等带壳无孔的食物时,应先刺穿,以防爆裂,不能将盒装牛奶直接放入微波炉中加热,以免引起爆炸。

第七,不能用力关闭炉门,也不要将硬物插入炉门密封装置中,以免造成微波泄漏。

第八,微波炉工作时,不要靠近查看,以免眼睛受到微波损害。更不允许在微波炉工作时打开炉门,打开炉门会使微波大量泄漏,损害人体健康。

第九,刚关闭微波炉后,由于加热管温度还很高,切勿用手触摸加热管,以免烫伤,要戴上隔热手套,方可翻转、搅拌或取出食物。

招式38 怎样使用空调环保又省电

家用空调在使用时有许多窍门,能帮助人们在享受高档舒适的室内环境时,延长空调的使用寿命,节约空调使用费用。

第一,使用空调时,不能将房间全部密闭,要保持一定的通风,保持室内氧气的浓度。如果一整天都使用，就要关机几次，每次通风时间为15～30分钟为宜。

第二，要注意适时调节室温。如果在制冷时将室温调高1度，在制热时将室温调低2度，都可以省电10%以上，而人体几乎觉察不到温度有什么差别。使用空调的温度不宜过低，一般以24～26度为宜，温度过低容易引发呼吸道和其他的疾病。

第三，设置好开机和使用状态。开机时，如果设置高风，能很快使室内凉快下来。当温度达到理想状态时，可以改中风或低风，以减少能耗，降低噪音。

第四，要适当调节空调出风口，选择适宜的出风角度，需要制冷时出风口向上，需要制热时出风口向下，能使调温效率大大提高。

第五，要定期清扫过滤网。沾染的灰尘多了，就会堵塞滤清器网眼，降低冷暖气效果。因此，应该半月左右清扫一次。

第六，小心妥善保管空调遥控器，要将其放在干燥的阴凉处，不能放置在接近热源或阳光直射的地方；不要让遥控器沾到油、水或别的液体；不要被其他重物压住，以免使操作键长期按通；不要让遥控器掉下以免损坏液晶及其他元器件；长期不用时应取出电池。

第三节　3招教你安全使用小电器

现代居家生活中，各种小电器占据了重要的位置，为人们的生活带来了方便和快捷。比如电磁炉能让人们更加轻松方便地煮食；比如吸尘器能成为居家清洁的好帮手，为家具和地面轻松除尘；比如榨汁机又能榨出新鲜美味的果汁，满足不同家庭成员的营养需求。这些小家电在无形之中提高了人们的生活品质，能让人们更加充分地享受生活的乐趣。作为家政服务人员，学会安全使用这些小家电非常重要。

招式39　安全使用电磁炉

电磁炉以其方便快捷在现代居家生活中占据了一席之地，家政服务人员只有了解了电磁炉的正确使用方法，才能做到心中有数，手下不慌。

首先，将电磁炉放置在空气流通、易于散热的地方，不要在下面铺垫软质的物体或者报纸、薄胶纸之类的东西，这些物品容易封住电磁炉的散热口，使热量不能及时排放，导致电磁炉过热。

其次，用完电磁炉后，要关闭电磁炉，并将放在上面的器皿拿起来，如果一直将加热完的器皿放在电磁炉上，热传递会反过来将热量传回电磁炉，破坏电磁炉的面板和内部零件，缩短电磁炉的使用寿命。

再其次，电磁炉的面板变脏或因油污而导致变色时，要用去污粉、牙膏擦磨，再用毛巾擦干净。机体和控制面板脏时以柔软的湿抹布擦拭，不易擦拭的油污，可用中性洗洁剂擦拭后，再用柔软的湿抹布擦拭至不留残渣。记住千万不能直接用水冲洗或浸入水中刷洗。

最后，电磁炉如果出现不寻常的声音或者停止加热等情况，一定要马上停止使用，联系售后维修商请专业维修人员进行处理。

招式40 如何安全使用吸尘器

第一，使用前必须检查电压是否符合供电标准，电源线有无接地装置，各零部件是否完善好用。

第二，潮湿场所不宜使用吸尘器，以免电机受潮发生短路而起火。

第三，使用时要注意电缆线的挂、拉、压、踩、避免绝缘受损。

第四，不能用吸尘器去吸尚未熄灭的香烟蒂、烟灰缸、铁钉、图钉、金属粉末、各种液体、黏性物体、纸屑、粉尘等东西，以防发生故障，引起火灾或爆炸事故。

第五，使用时间不要太长，连续使用时间达到1小时或手摸桶身塑料外壳明显发热时，应停止一段时间后再继续使用，以防止电动机因过热而烧毁或电机短路而引发火灾。

第六，使用时假如发现吸尘器出现漏电、机体温度过高或发出异常声响，要立即停止使用，并请专业人员进行检修。

第七，如果发现电动机开始冒烟，先不要惊慌失措，要立即拔断电源，取下连接进风嘴的软管，并将吸尘器拿到过道、阳台等周围没有可燃物的部位。

如果电动机已经起火并烧着了机身的塑料外壳,可用棉被或毯子等物将吸尘器盖上,以隔绝空气,窒息灭火;有各类手提灭火器的,在已经断电的情况下均可扑救。

第八,每次使用完吸尘器,必须将电源线从插座上拔下来并收藏好,以防儿童玩弄造成安全事故。

第九,用完吸尘器后要及时抖落过滤袋上的积尘,以防较大物体堵塞进风嘴和排气出口,从而使吸尘器的功率降低,使电动机过热而引发火灾。

招式41 使用榨汁机的十个注意事项

目前,很多家庭都选购添置了榨汁机,随心所欲地制作各种果汁,以满足对水果的日常需要。尤其是有小孩的家庭,更是每天都要给孩子榨一杯新鲜美味的果汁,为他们增加营养。所以,家政服务人员也要学会使用和保养榨汁机。

下面介绍十个注意事项:

第一,使用前,要先旋紧切削刀和离心过滤器,再把安放离心过滤器和切削刀的上箱紧固在底座上,然后接通电源,待电动机起动运转正常后方可投入食物。

第二,使用时,必须将榨汁机平放在工作台面上。

第三,投放的水果不应过大、过厚,以免损坏切削刀和造成电机超载,也影响果汁品质。

第四,使用过程中,不要揭开杯盖,在尚未切断电源时,禁止将手或其他器具放入果汁杯内及榨汁进料口内,否则会发生伤害事故或损坏机体。

第五,使用榨汁机时大人不要走开,切勿让小孩接近。

第六,每次使用完毕后,要及时将电源线插头拔下。

第七,要经常保持机身内外的干净。每次使用完后,要进行彻底清洗。但要注意,切不可用水龙头冲洗榨汁机的下部底座,也不要将其泡在水里。清洗时可以将蛋壳加水和氧化漂白剂一起搅拌一会儿,利用蛋壳将污垢和细菌清洗掉,为健康把关。

第八，如果发现榨汁机外表因强光线照射或受油烟熏而颜色变黄，就要用软布蘸碱水迅速擦一遍，然后蘸上漂白剂反复擦拭，就可以恢复洁白。

第九，如果发现榨汁机里面积淀了很多汁液留下的色素，可用少许火碱水溶液进行洗涤，即可清除污渍。

第十，严禁将榨汁机的所有配件放入高温消毒柜内消毒。

梅雨季节家电防潮很关键

进入梅雨季节，空气潮湿水分大，各种家用电器也容易受潮出问题。有些家电在开机后一段时间会慢慢恢复正常，有些则时好时坏，令人烦恼。这些看似小毛病，但如果不加以防范，漠视家电的防潮工作，就会缩短家电的使用寿命，严重的甚至会出现短路或损毁。因此，家政服务人员要掌握一些家电防潮方法，替雇主排忧解难，成为雇主真正的生活帮手。

先看看电视机的防潮。首先要将电视机放在通风干燥的位置，让其远离潮气侵袭。天气潮湿的时候，可以将电视设置在待机状态，让电视内部的变压器等部件散发出一些热量，驱散机内的潮气。另外，电视机后面有许多小孔，灰尘常常会通过这些小孔进入电视机内部，一到潮湿季节，灰尘和潮气就会结合在一起形成凝露，容易导致电视机漏电。所以应该定期清理电视机的灰尘。

尽管空调具有防潮和抽湿的功能，但是在潮湿天气来临的时候，空调更需要保养。空调长时间不使用就容易出现内部部件老化等问题，因此，我们要时不时对空调进行使用，定期对过滤网进行清洁，以免吸附在滤网上的细菌大肆繁殖和传播，危害人体健康。

冰箱防潮也必不可少。有的雇主喜欢将冰箱贴着墙壁放置，其实这是不对的。墙面容易潮湿，湿气就会通过墙面渗到冰箱外部的小孔里，从而影响冰箱内部部件的运转。因此，冰箱应该摆放在距离墙壁10厘米左右、通风良好的地方。

洗衣机电路板的防潮很关键。首先，要把洗衣机放在通风条件较好且具有一定高度的平台上。不能将它放在洗手间里，以免浴室内的水蒸气对洗衣机内部的电路板造成腐蚀。另外，洗衣机用完后要记得将插头拔下来，以免插头受潮后发生短路和火灾。洗衣机的表面也要用干布抹干，以免滴溅在洗衣机表面的水渍流入机身内部，损害洗衣机的元部件。

　　除了常用的几件大家电，常用的小家电同样也需要防潮。以浴霸为例，如果浴室通风不好，长期在湿气很重的环境中工作，会加快浴霸的老化及缩短使用寿命，损坏人体健康。因此，浴室要长期保持良好的通风，以驱除卫生间内的潮气。雷雨天气最好避免使用浴霸。

第三章
15招助你厨艺顶呱呱
shiwuzhaozhunichuyidingguagua

第一节　3招教你学会选购原料
第二节　12招教你提高烹饪技术

99招让你成为
jiazhengfuwunengshou

简单基础知识介绍

面对一桌味美香佳的菜肴,相信谁的食欲都会大增,都迫不及待地想要好好品尝一番,满足味蕾的需要。假如一个家政服务人员能够为雇主做出这样一桌令人垂涎三尺的菜肴,相信你在雇主眼里是优秀的,你也不那么容易被他们炒了鱿鱼。因为你管住了他们的胃。本章基于厨房烹调最基本的原理和要求,给大家介绍一些必要的厨艺知识,希望能提高家政服务人员的烹调技术和水平,让你们个个厨艺顶呱呱,受到雇主的赏识。

行家出招

第一节 3招教你学会选购原料

俗话说:"朽木不可雕也。"在厨房烹饪工作中也是如此。如果你买来的就是不新鲜的蔬菜和腐烂变质的臭肉,纵使你的厨艺再怎么高明,都不会调制出美味而可口的菜肴。因此,烹饪之前选择蔬菜、肉类等原料非常关键,这是你打造一桌美味佳肴的第一步。

招式42 怎样选购新鲜蔬菜

蔬菜营养丰富,能供给人体所需的多种营养素,是人们日常生活中离不了的主要食物。但是,如果选购不当,在造成经济损失的同时又会影响蔬菜功效的发挥,甚至起到反作用。因此,掌握选购蔬菜的必要常识和技巧,对提高膳食水平和厨艺非常关键。下面就来说说如何科学地选购蔬菜。

总的来说,选购蔬菜要遵循以下几个法则:

第一,看颜色。蔬菜品种繁多,营养价值各有不同。按照颜色,大致分为两大类:深绿色叶菜,如菠菜、苋菜等;这些蔬菜富含胡萝卜素、维生素C、维生素B_2和多种矿物质;浅色蔬菜,如大白菜、生菜等,这些蔬菜富含维生素

C、胡萝卜素、矿物质的含量较低。选择叶类蔬菜时,不宜选购那些颜色浓绿或失去正常绿色而发生异常的品种,它们很可能在采收前喷洒或浸泡过甲胺磷农药;选购果实类蔬菜时,颜色鲜艳,超出正常范围的大多使用了激素,不宜选购。

第二,看形状。形状正常的蔬菜,一般是采用常规方法进行栽培、未经过激素等化学品处理过,可以放心地食用。"异常"蔬菜叶片肥厚、植株粗壮,则可能施用了化肥或用激素处理过。如叶子非常宽大的韭菜就可能在栽培过程中用过激素。未用过激素的韭菜叶较窄,吃时香味浓郁,选购时要特别注意。对于果实类蔬菜,要选购表面光滑、形状规则、果实饱满的,不选那些凹凸不平、顶部突出的。

第三,看鲜度。有些人在选购蔬菜时,往往会搬出一个这样的"经验之谈",就是蔬菜叶子虫洞越多,越发表明蔬菜上没打过药,吃这种菜安全。其实,这是靠不住的。事实上,蔬菜是否容易遭受虫害是由蔬菜所含有的成分和气味的特异性所决定的。有的蔬菜特别为害虫所青睐,如大白菜、卷心菜、花菜等,菜农为了保持菜的卖相,不得不经常喷药防治,如此一来,这些菜势必会成为污染重的"多药蔬菜"。

下面具体介绍一下一些常见蔬菜的选购方法。

洋白菜:叶绿而光泽度好,且颇具重量感的洋白菜才新鲜。切开的洋白菜,切口白嫩表示新鲜度良好。切开时间久的,切口会呈茶色,要特别注意。

黄瓜:新鲜的小黄瓜表面有突起,手摸上去有刺,柄端开黄花,颜色绿得有光泽;粗大,摸上去发软,柄端的黄花蔫萎,颜色暗淡无光的黄瓜不好,甚至会发苦,不宜购买。

茄子:,新鲜茄子一般呈深黑紫色,具有光泽且蒂头带有硬刺。反之,果皮发暗。大茄子不一定就老,小茄子也不一定就嫩。

番茄:从颜色来看,大红色的番茄糖、酸含量都高,味浓郁,适合熟吃。粉红色的番茄,糖、酸含量低,味淡,不酸,生吃较好。选购时要注意两点:一是不要买青番茄,这类番茄不仅营养差,而且含有有毒物质番茄苷;二是不要买畸形果,尖顶、有棱、空心等番茄,可能是生长调节剂用量过多造成的。

香菇:刚刚采摘的新鲜香菇,其菇伞呈现茶褐色,肉质鲜嫩而具有弹性,背面皱褶处覆有白膜状的东西。如果背面呈现出茶色斑点,表明香菇不太新鲜,不宜购买。

萝卜:萝卜选择要看品种和大小,如果萝卜的个头太小,表明质地粗硬,食用价值低,如果个头适中,表明质地刚好,水分充足,吃起来美味。

土豆:黄肉土豆水分含量少,但胡萝卜素含量高,口感较好。不能买出芽的和变绿的土豆。因为这两种土豆在表层和芽眼附近会形成有毒物质龙葵碱,人吃后会中毒,出现喉部瘙痒、呕吐,严重时昏迷、呼吸困难,危及生命。

绿叶类蔬菜:优质的绿叶类蔬菜与新鲜度有很大关系,可以通过蔬菜光泽及"挺实"程度判断,老嫩程度可以通过手折等手感判断。

掌握了这些方法,你就会发现其实想要挑选到安全卫生的蔬菜并不难。买回了蔬菜后,还要注意贮存。由于蔬菜种类繁多,其生长物特性不尽相同,因而其贮存要求也各不相同。青菜、黄瓜可洗净后放入保鲜袋贮在冰箱,萝卜和胡萝卜放入保鲜袋扎紧袋口置于干燥处,莴笋可刨去皮浸在淡盐水中,鲜蘑菇的短期保存法是用清水浸泡等。不过,在原则上我们应该买新鲜吃新鲜,不要一次购买太多。

招式43 怎样选购肉类

从外观上看,新鲜的肉一般色泽鲜亮、颜色自然,肉质细腻有弹性,用手指按压后会立刻复原,断面稍湿,不粘手,肉汁透明,气味正常。而次鲜肉呈暗灰色,无光泽,切断面色泽稍逊于新鲜肉,有黏性,肉汁混浊,能闻到轻微的酸霉味,但肉的深层气味是正常的。变质肉呈灰色或淡绿色,肉质粗糙发黏,无论是表面还是深层均有腐臭气味,按压后不能复原,有时手指还能把肉刺穿。在选购肉品时,还要特别注意鉴别"注水肉"。这种肉往往掩盖在"新鲜"的外衣下,从外观看很新鲜,甚至在色泽上比质量好的肉还要光亮。但实际上这种肉的肌肉组织松软,弹性很差。那么该如何鉴别呢?简单的方法是用餐巾纸贴在瘦肉上,用手紧压,待纸湿后揭下,用火柴点燃,若不能燃烧说明肉中注了水。

买回了新鲜肉,还要学会保存。通常情况下,生鲜肉要在4°C的温度下保存,并用保鲜膜包裹;如果购买量较大,需长期放置,最好是冷冻保藏,以确保肉的卫生质量。

其实,除了选择新鲜肉之外,我们还可以选择购买冷鲜肉。这类肉和传统意义上的冷冻肉不同,其从原料检疫、屠宰、快冷分割到剔骨、包装、运输、贮藏、销售的全过程始终处于严格监控下,防止了可能的污染发生。屠宰后,产品一直保持在0~4℃的低温下,不仅大大降低了初始菌数,而且持续的低温使其卫生品质显著提高。这种肉因特殊的加工程序使得肌肉的蛋白质正常降解,肌肉经过排酸软化,嫩度明显提高,非常有利于人体的消化吸收,营养价值较高。因此,选购冷鲜肉不失为明智之举。

此外,选择宰杀褪毛后的鸡、鸭、鹅等禽类,也有讲究。可以使用一看二闻三触摸的方法进行鉴别和选择。看,就是要看嘴是否干净,有光泽,眼鼓是否有光,皮是否呈淡黄或淡白色,表面是否干燥。闻就是要闻有无异味,触摸就是用手摸禽体是否具有弹性,如果松弛绵软,就不是新鲜的禽类,就不能购买。

招式44 怎样选购鱼虾

鱼虾是人们餐桌上的美味佳肴,选购这些水产品时要特别注意技巧。

第一,淡水鱼选购技巧。购买淡水鱼,首要原则是买新鲜的活鱼。假如是死了没有多久的鱼,要先看鱼眼,鱼眼乌黑而没有发浑,眼球饱满凸出的鱼是死了不久的鱼,可以买。如果鱼眼已经浑浊,说明鱼已经死了一段时间,不新鲜了,这样的鱼不要买。再看鱼鳞是否完整贴伏,鱼身上是否有出血点。鱼鳞色泽发暗,鳞片松动,身上出血点多的鱼不要买。还要看鱼鳃,新鲜的鱼有鲜红或粉红的鱼鳃,没有黏液,无臭味,如果鱼鳃不光滑,比较粗糙,呈暗红色,就不能购买。在选择淡水鱼时,应尽可能地选择"小"鱼,即生物链底层的鱼类,比如草鱼、大头鱼等,由于这些鱼一般靠吃水草生存,相对于石斑鱼、鲈鱼、桂鱼等凶猛的以食肉为主的鱼类,体内有害物质的含量较低,因而相对安全。就体积来说,吃"小鱼"比吃"大鱼"安全。这里的"小",指年龄小,也指个头。鱼的体积越大,含毒量也会较高。

第二,海鱼选购技巧。如果买冰冻的海鱼,除了闻有没有异味外,重点要看鱼的腹部。如果鱼的腹部发软,就不要购买,因为这样的鱼内脏已经变质。此外,如果鱼的肛门部位溃烂也不要买,这样的鱼不新鲜。最好挑选肌肉组织结实、饱满、有弹性的鱼。如果买三文鱼等已经切片的鱼肉,要选择鲜红色的,不要买暗红色、发黑的鱼。

第三,虾的选购技巧。买虾最好买活的,要懂得辨别其新鲜程度,越新鲜的虾就越鲜美,否则便会肉质霉烂鲜味尽失。新鲜的虾,壳坚硬,壳与肌肉之间粘得很紧密,色泽发青光亮,眼睛突出,肉质结实,味道很腥。而壳软,色泽灰浊,眼凹,壳肉分离的虾不新鲜。那些虾皮出现黑白斑点,虾腮变黑的虾绝对不能购买,因为这些虾很可能是患病喂了药的。如果是冰冻的虾,可以从头背部状况观察其死亡时间。如果虾的头背部泛黑,已经跟身体脱离,或是拎起来后头部和身体之间有缝儿,这些都说明虾死亡的时间比较长,最好不要购买。

买回来的鱼虾,贮藏也要讲究方法。对于鲜鱼的储存,应先去掉内脏、鳞,洗净沥干后,分成小段,分别用保鲜袋或保鲜盒包装好,防止鱼变干燥,使腥味扩散,然后再放入电冰箱的冷藏室或冷冻室;而冻鱼经包装后可直接贮入冷冻室,与肉类食品一样,必须采取速冻。

冷冻新鲜的虾,可先将虾用水洗干净,然后放入金属盒中,在盒子里倒入冷水,以将虾浸没为宜,再将盒子放入冷冻室内冷冻。待冻结后取出金属盒,在外面稍微搁置一会儿,倒出冻结的虾块,再用保鲜袋或塑料食品袋密封包装,放入电冰箱的冷冻室内储存。

第二节　12招教你提高烹饪技术

要想做一桌子可口的饭菜,烹饪技术是关键。同样的原料经过不同人的加工和处理,往往会有不同的结果。要想烹饪技术过硬,就要熟练掌握各种常用调料的作用和使用窍门,就要精通炒、炖、爆、煎、蒸等各项技术,让原料在你的手里变化多样,呈现出不同的风味。

招式45　常用厨房调料使用窍门

烹调的目的是使饮食更营养,使味道更鲜美。色香味俱全的美食,对肠胃是一个良性刺激,可以促进消化液的分泌而增强消化能力。但美味的获得,五花八门的调料必不可少。下面,就介绍几种常见调料的使用窍门。

第一,食用油脂。俗话说得好,"礼多人不怪,油多好炒菜",各类食用油是菜肴产生香味、变得美味可口的重要原料,在烹调中占据着重要的地位。食用油是食用的植物性油脂和动物性油脂的总称,常用的植物油有花生油、豆油、菜籽油、玉米油、香油等；动物油有猪油、牛油、鸡油等。食用油在调味中的作用是传热、改善和增加菜肴的色、香、味、型，保温和增加菜肴的营养成分。使用食用油做菜后，菜会呈现出不同的色泽，散发出诱人的芳香气息，提高人的食欲。而菜肴中的营养成分也大大增加，人体所需的各种维生素溶解到油里后，与脂肪有机结合，能被人体更好地吸收。

第二，盐。盐是人体必不可少的物质，对维持体内正常渗透压和酸碱平衡起着主要作用。俗话说得好："好厨师一把盐。"是说会掌握咸淡口味的厨师是好厨师，这就高度概括了盐在烹调中所起的重要作用。盐的本味是咸，又是出味的基础。无论任何味，加了盐才会出鲜味，所以盐又称为百味之本。盐的作用主要是：出鲜味，去异味，保鲜食物。盐一般后放，可使菜更鲜嫩，放早了菜易变老。

第三，糖。糖是主要调味品之一，产生甜味，又能与其他调料一起调出鲜美可口的复合味。糖的作用主要是：增加口感，增色，使食物色鲜红、亮而不暗；补气健脾。烹调时应先放盐，然后加糖，最后放醋。糖不宜放过早，以免焦锅。

第四，酱油。开门七件事："茶米油盐酱醋茶。"平时我们在做菜的时候总是离不开酱油。它不仅能给菜肴加色，使菜肴在色泽上给人一种悦目美观的感觉，还能为菜肴增添美味。做菜时要后放酱油，这样能够将酱油中的有效氨基酸和营养成分保留下来。

第五，醋。醋是酸味的主要调料，是多功能的调味品。醋的作用有：去腥味，做鱼类菜时常放醋；发出醇香味，增加菜肴色香味；解油腻。醋应在菜加热后放，以免丧失醋的香气，只酸无香。如出锅前勾一点放了醋的芡汁，可以增味，防止香气丧失。

第六，味精。味精是一种增加鲜味的调料，炒菜、做馅、凉拌、做汤都用得上。味精对人体没有直接的营养价值，但它能增加食品的鲜味，增强人们的食欲，能帮助人体对食物的消化。味精虽能提鲜，但假如使用方法不恰当，就会适得其反。比如对用高汤烹制的菜肴，就不要再使用味精了。因为高汤本身已经很鲜美，味精则只是提鲜，如再放入味精的话，会掩盖本味。做糖醋、醋熘菜肴时不宜使用味精。因为味精在酸性物质中不易溶解，酸性越大溶解度越低，鲜味的效果越差。做菜使用味精，应在起锅时加入，否则会产生轻微毒素，危害人体。

第七，葱姜蒜等辣味调料是重要的调味剂，使用时要注意方法。1.葱、蒜都要炒生一点,半生不熟香气才浓,更能起到调味杀菌的功效。2.姜要与原料一起放入同时加热,才能有效去除腥味和膻味。3.胡椒适合做汤料,能使汤美味无比,但要等到汤烧好后再放,以免损失香气。4.辣椒可以制苦,所以辣椒炒苦瓜,可以减轻苦味。

第八,辣椒。辣椒中含有丰富的辣椒素,是菜肴辣味的主要来源之一。辣椒用作调味品时具有除膻和增加美味的作用,且辣椒中含有大量的维生素A和维生素C,对人的身体有好处。放入辣椒的菜肴往往具有增强唾液分泌、促进胃肠蠕动、帮助消化等功能,因此,生吃熟食都很受人们欢迎。

第九,料酒。料酒具有去腥、去臊,增加菜肴香味,使菜肴保持新鲜色泽和杀菌防腐的作用,烹制各类菜肴时适量放点料酒,能够做出香气扑鼻、味道鲜美的菜来。

总之,在烹调菜肴的过程中,要根据调料的不同作用,将它们用得"恰当好处",才能烹调出美味菜肴。

招式46 炒菜技巧

炒是最基本的烹调技术,几乎每天都要用到。炒的种类有生炒、熟炒、滑炒、清炒、干炒等。最常用的要数生炒和滑炒。现将这两种炒法的要领介绍一下。

第一,生炒。生炒的特点就是无论是植物性还是动物性的食物,都必须是生的,而且不挂糊上浆。要想生炒出的菜美味可口,最关键的一点是"热锅凉油",就是先把空锅烧热,再加入食油刷一下锅,立即下原料煸炒,要求旺火急炒,成品菜不能出汤。生炒多适用于新鲜蔬菜的炒制。

第二,滑炒。滑炒的特点是成品菜为两次成熟。第一步,先将主料上浆滑油,使主料在五成热的油中基本成熟出锅控油;第二步,锅中加入少量底油,烧至七成热时下主料、辅料和料汁,炒匀出锅。

下面介绍一下家常菜炒芦笋和滑炒肉丝的做法。

炒芦笋:

原料:芦笋200克、葱100克、盐适量、淀粉、料酒、醋少许。

做法:1.将芦笋洗净,切成段,备用。

2.炒锅内放底油,加入葱煸炒,并放入姜、料酒、醋、盐和味精,加入笋段,不停地翻炒,待笋段熟后加入溶于水的淀粉收汁,即可装盘。

滑炒肉丝:

原料:猪瘦肉 250 克、冬笋 100 克、盐 4 克、味精 3 克、葱 5 克、姜 2 克、鸡汤 15 克、淀粉 2 克、鸡蛋 1 个、料酒 5 克、油 50 克。

做法:1. 将猪肉切丝,放入碗内,加盐 1 克、料酒 2 克、鸡蛋 1 个、淀粉 1 克上浆,搅拌均匀。

2. 冬笋切成长 4 厘米、厚宽 0.2 厘米的丝。葱、姜切丝。

3. 将葱、姜、盐、味精、鸡汤、淀粉、料酒放入碗中,调成汁。

4. 炒锅上火,加油烧热,将肉丝放入炒散,约七成熟时,放入冬笋丝同炒。待肉丝接近成熟时,将碗汁倒入翻炒几下,挂匀汁后即可装盘。

招式 47　教你学会炖菜

炖,是指把原料放在锅内,用小火长时间加热制成菜肴的一种烹调方法。炖菜的特点是:汤水多,肉酥软,保持原汁原味。炖菜滋补养颜,营养丰富,香浓酥烂,汤清而醇。炖最好使用砂锅或搪瓷锅。

炖菜时要掌握四个关键点:

第一,在炖之前,必须将原料焯水,以排除血污和腥臊味。即把水烧至滚开,放入原料肉,煮 5~10 分钟。

第二,用冷水将焯过的原料肉漂洗干净,另入新锅,用大火烧开,小火进行炖制。肉鸡半小时即可;猪肉应炖 1 小时以上;牛肉不少于 2 小时。

第三,炖肉用的调料,要依据不同原料而定。葱、姜是各种肉类均可使用的;牛羊肉膻气较重可放桂皮、大料,炖羊肉还可放花椒,炖猪肉时原则上不放味道较重的作料,若喜欢放时,量一定要少,否则肉的香味会被遮盖。另外,还有一些调料可以增加肉的香味,如草果、丁香,亦应少放,草果一次一粒,丁香一次 2~3 个。

第四,炖肉时还应考虑做好的炖品的食用方法,以此来决定汤汁的咸淡。如果成品不需要带汤食用,则汤汁可咸些,作料也可以浓些。肉炖好后,可以在汤内再泡一段时间,以利于味道的渗入;如果成品要使用汤汁,如为做牛肉面而炖的牛肉,则汤汁不宜过咸。

下面介绍一下土豆炖牛肉和猪肉炖粉条的做法。

土豆炖牛肉：

原料：土豆250克、牛肉300克、葱段5克、姜块5克、咖啡粉25克、精盐5克、味精2克、酱油25克、料酒5克。

做法：1.将土豆洗净去皮，切成三角块。牛肉切成块，放入开水中焯一下捞出。

2.锅内加水，放入牛肉、料酒、葱、姜烧开，用慢火炖至半熟，去浮沫，放入土豆块同炖，待快熟时，加精盐、酱油、咖喱粉同炖，熟后加味精盛出即可。

猪肉炖粉条：

原料：带皮的五花肉500克、宽粉条100克，葱、姜、花椒、大料、白糖、盐、味精适量。

做法：1.将五花肉刮洗干净，切成块。粉条用水发透，葱切段，姜切片。

2.锅里放油，下肉炒至变色，取出。

3.锅里放糖炒糖色，添汤，加入所有的调料和肉，用旺火烧开，撇去浮沫，转小火炖至酥烂，再放入粉条炖至入味即可。

招式48　教你如何煎鱼

所谓煎，就是用少量的油润滑锅底，然后放入经过调味和挂糊或拍干粉的原料，用小火慢慢煎熟的一种烹调方法。煎的原料单一，一般不需要再加配料，原料多用刀切成扁平状，煎前先把原料用调料浸渍一下，在煎制时不再调味。

煎的技法有以下几点：1.掌握火候，不能用旺火煎；2.用油要纯净，煎制时要适量加油，不使油过少；3.掌握好调味的方法：有的要在煎制前先把原料调味好；有的要在原料即将煎好时，趁热烹入调味品；有的要把原料煎熟装盘食用时蘸调味品吃。

下面介绍煎带鱼的做法。

原料：新鲜带鱼、精盐、白糖、味精、黄酒、胡椒面、鸡蛋、芡粉、葱段、姜片。

做法：1.将带鱼收拾干净后切段放入盆中，用精盐、白糖、味精、黄酒、胡椒面、葱段、姜片拌腌，加清水浸没过带鱼，腌制足够长的时间以便入味。

2.先把锅烧热，然后加凉油涮锅，留少量底油，将腌好的带鱼段去葱、姜，挂鸡蛋糊下锅，煎至两面金黄即可。

招式 49　蒸的技巧

蒸是一种将经过调味的原料用蒸气加热使之成熟的烹调方法。蒸的方法在厨房里使用较广，不仅用于蒸制菜肴，而且还可用于原料的初步加热和成菜的回笼加热。蒸可分为干蒸、清蒸、粉蒸等蒸法。将洗涤干净处理好的原料，放在盘里，只放调料，不加汤水，直接蒸制，称为干蒸；将经初步加工的主料，加上调料和适量的鲜汤上笼屉蒸熟，称为清蒸；将主料粘上米粉，再加上调料和汤汁，上笼屉蒸熟，称为粉蒸。

根据原料的不同质地和不同的烹调要求，蒸制菜肴必须使用不同的火候和不同的蒸法。

第一，旺火沸水速蒸。这种方法适合蒸制质地软嫩的原料以及只要蒸熟不要蒸酥的菜肴，一般约蒸制15分钟。如清蒸鱼、蒸扣三丝、蒸童子鸡、蒸乳鸽等。

第二，旺火沸水长时间蒸。这种方法适合制作粉蒸肉、香酥鸭等菜肴。这类菜肴原料质地较老、形状大，又要求蒸得酥烂。

第三，中小火沸水慢蒸。这种方法适合蒸制要求保持原料鲜嫩的菜肴如蒸鸡、蒸鸭等。

特别提醒：利用蒸制方法制作菜肴时，要让蒸笼盖稍留一点缝隙，以便使少量蒸汽逸出，避免蒸汽在锅内凝结成水珠流入菜肴的汤汁，冲淡原味。

下面介绍一下清蒸桂花鱼的做法。

原料：桂花鱼1条、水发冬菇片2片、冬笋片45克、葱、姜、黄酒12克，白糖12克、酱油、盐、清汤。

做法：1. 将桂花鱼杀好，去浮皮，去内脏，洗清，放入开水锅内焯一下，取出，刮干净，鱼身两面开花刀，放在盘中。

2. 将冬菇片、冬笋片、葱、姜、猪油倒在鱼上面，再加盐、糖、酒、酱油、清汤，上笼旺火蒸20分钟，取去葱、姜即好。

招式 50　教你做好烧菜

烧，就是把经过炸、煎、煸、炒、蒸、煮等初步加热后的原料，放入汤和调料中,进一步加热成熟的一种烹调方式。烧适用于制作各种不同原料的菜肴,是厨房里最常用的烹饪法之一。

第一,红烧。将原料经过初步热加工后,放入酱油等调味品进行烧制,待成熟后勾上酱红色的芡。红烧的方法适用于烹制红烧肉、红烧鱼等。红烧要点:对主料作初步热处理时,不能上色过重,否则会影响成菜的颜色。用酱油和糖进行调味上色时,宜浅不宜深,调色过深会使成菜颜色发黑,味道发苦。红烧放汤时用量要适中,汤多则味淡,汤少则主料不容易烧透。

第二,干烧,操作时不用勾芡,依靠原料本身的胶汁烹制成芡,如烧鳗鱼、鲷鱼。干烧菜肴要经过长时间的小火烧制,以使汤汁渗入主料内。干烧菜肴一般见油不见汁,其特点是油大、汁紧、味浓。干烧要点:上色不可过重,否则烧制后的菜肴颜色发黑;干烧菜要把汤汁烧尽。

第三,白烧、酱烧、葱烧等。白烧一般用奶汤烧制,不用放酱油。酱烧、葱烧与红烧的方法基本相同,酱烧用酱调味上色,酱烧菜色泽金红,带有酱香味;葱烧用葱量大,约是主料的1/3,味以咸鲜为主,并带有浓重葱香味。

下面介绍一下红烧排骨的做法。

原料:排骨、姜、葱、八角、茴香、桂皮、草果、丁香、香叶、盐、味精、白糖、料酒、老抽。

做法:1. 排骨剁成4厘米的段放入沸水中除去血水捞起洗净待用,姜切片,葱洗净去头拴成一结。

2. 锅内倒油,待油还是冷的时候同时放入白糖(大概一份糖,2.5或3份油),小火慢慢把糖炒化。待糖水开始变成棕红色,且开始冒棕红色的泡沫时,马上把排骨倒入锅中炒匀。接着放入姜片、花椒和香料,炒出香味后倒入少许料酒和酱油上色,掺入清水,加入盐和葱结,大火烧开后转至小火慢慢烧至排骨松软,然后挑去锅里的葱和香料,大火收汁,待汤汁变浓时,加入味精起锅即成。

招式51 教你如何炸鸡翅

炸的基本要领是,油量要充足,通常以热油下锅。对一些老的、形状大的原料,下锅时油温可低一些,炸的时间可长一些。用炸的方法,烹制好的菜肴具有口感香酥、脆嫩的特色。家庭常用炸的方法有清炸、干炸、软炸、酥炸、加面包粉炸等多种。

第一,清炸。不给原料挂糊上浆,用调料拌好后就投入油锅旺火炸制。清炸主料外面没有保护层,必须根据原料的老嫩、大小来决定油温高低。主料质嫩或形状较小的,在油温五成热时下锅,炸的时间要短,炸至约八成熟时就可捞出,待炸料冷却后再下锅重新炸一次即可。主料较大、质地较老,则应在油温七成热时下锅,炸的时间可长一些,中间改用温油反复炸几次,使油温逐渐传导到原料的内部,炸熟即可。

第二,干炸。干炸方法与清炸类似,也是先把原料加以调味腌渍再炸。所不同的是,干炸的原料下锅前还要拍粉挂糊。干炸时间要稍长一些,开始用旺火热油,中途改用小火温油,把原料炸至外皮焦脆即可。干炸菜肴的特点是,原料失去水分较多,成品菜外酥软嫩。

第三,软炸。先把主料腌渍一下后挂上一层鸡蛋糊,投入油锅炸制。软炸的油温,要控制在五成热,炸到原料断生、外表发硬时,即可捞出,然后把油温烧到七八成热,再把已断生的炸料下油锅一炸即成。

第四,滚面包粉炸。先把主料用调料腌渍一下,然后上浆,再裹上一层面包粉,放入油锅中炸制。这种炸法,适用于炸猪排、炸鱼等。用面包粉炸制的菜肴色泽金黄,外脆里嫩。

下面教你如何炸鸡翅。

原料:鸡翅,大料,香叶,面包渣,鸡蛋。

做法:1. 鸡翅切三段,焯水后用味精、盐腌制半小时即可。

2. 把腌好的鸡翅用清水淋去表面盐分,沥干水分,然后蘸上蛋液,再裹匀面包渣,稍放一会下油锅中火炸变金黄色即可。

招式52　爆的技巧

所谓爆,就是将加工成形的原料,经初步熟处理后,在锅内煸炒配料,投入主料,急火勾芡,立即成菜的一类方法。爆是烹制脆性原料、韧性原料如瘦猪肉、鸡鸭肉、肚、鸡肫、牛羊肉等所采用的快速加热成熟的方法。

第一,油爆。制作油爆菜时,主料应切成块、丁等较小的形状,用沸水焯主料的时间不可过长,以防主料变老,焯后要沥干水分,油爆菜用的芡汁,以能包裹住主料和配料为度。油爆菜有两种制作方法:北方地区油爆时主料不上浆,只在沸水中一烫就捞出,然后放入热油锅中速爆,再下配料翻炒,烹入芡汁就可起锅。南方地区油爆时主料要上浆,在热油锅中拌炒,炒熟后盛出,沥去油,锅内留少许余油,再把主料、配料、芡汁一起倒入爆炒即成。

第二,酱爆。就是用炒熟了的酱类调料爆炒原料。主料若是生的,要上浆滑油,再以酱爆制;主料若是熟的,用热油煸炒后,再加酱爆炒。酱爆的关键是炒酱,要根据酱的稀稠和咸淡加入适量的水,过稀过稠都会影响酱爆菜的质量。

下面介绍一下京酱肉丝的做法。

原料:甜面酱80克、料酒5克、味精2克、白糖20克、盐1克、淀粉2克、鸡蛋1个、油150克、姜5克。

做法:1.将猪肉切成丝,放入碗内,加料酒、盐、鸡蛋、淀粉抓匀,即为上浆。

2.将葱斜切成丝放在盘中。姜切片略拍,取葱丝同放一碗内,加清水,泡成葱姜水。

3.炒锅上火,加油,烧熟后将肉丝放入炒散,至要成熟时取出,放在盘中滤干油分。

4.炒锅上火放油,加入甜面酱略炒,放入葱姜水、料酒、味精、白糖,不停炒动甜面酱,待白糖全部熔化,且酱汁开始变黏时,将肉丝放入,不停地炒动,使甜面酱均匀地沾在肉丝上。

5.肉丝放在盛有葱丝的盘中,将葱丝基本盖住,食用时拌匀即可。

招式53 教你煲靓汤

餐桌上有碗热气腾腾的鲜汤,常使人垂涎欲滴,特别是冬春季节,汤既能助人取暖,又能使人胃口大开。

那么,如何煲一锅靓汤呢?首先,汤料的选择很关键。除了选择富含蛋白质的动物原料,如猪骨、羊和鸡、鸭骨等主原料外,还要选择配料。如果身体火气旺盛,就要选择性甘凉的汤料,如薏米、绿豆、海带、冬瓜、莲子等清火、滋润类的配料;如果身体寒气过盛,就应选择一些性热的汤料,如参之类的草药。

做法要遵循三煲四炖法。

煲，就是用文火煮食，讲究的是慢慢地熬。煲能够把食物的营养成分充分地溶解在汤水中，有利于人体的消化和吸收。因为煲汤需要花费较长的时间，比较耗工夫，所以被称做厨房里的工夫活。煲汤讲究原料搭配，三煲四炖。火不要过大，火候以汤沸腾程度为准，开锅后，小火慢炖。炖应该注意以下几个方面：一忌中途添加冷水，使已经受热的肉类遇冷收缩，导致蛋白质不易溶解，使汤失去原有的鲜香味；二忌早放盐，使肉中的蛋白质凝固，不易溶解，从而使汤色暗淡，影响浓度，看起来不美观；三忌过多地放入葱、姜、料酒等调料，以免影响汤汁本身的原汁原味；四忌过早过多地放入酱油，以免汤味变酸，颜色变暗发黑；五忌让汤汁大滚大沸，以免肉中的蛋白质分子运动激烈使汤浑浊。

下面介绍一下枸杞冬菇煲鸡脚的做法。

原料：枸杞子20克、冬菇50克、花生100克、鸡脚4对、猪骨200克、生姜3片。

做法：各配料洗净，稍浸泡并把冬菇去蒂，鸡脚洗净，去趾甲等，猪骨洗净，均用刀背敲裂；一起与生姜放进瓦煲内，加入清水2500毫升，武火煲沸后，改为文火煲2小时，调入适量食盐便可。此量可供3～4人用，鸡脚、冬菇、花生等可捞起拌入酱油佐餐用。该汤具有清肝明目的功效。

招式54 如何制作凉拌菜

所谓凉拌菜，是指热制冷吃或冷制冷吃的菜肴。热制冷吃，是指在制作时调味与加热同时进行，制成的菜肴先晾凉，然后食用。冷制冷吃，是指在制作菜肴的最后调味阶段不加热，也就是只调不烹，因而吃起来质脆鲜嫩、不黏不腻、清香爽口。凉拌菜不仅制作简单、清爽开胃、老少咸宜，而且很符合现代人要求油脂少、天然养分多的健康概念。在炎热的夏天，凉拌菜更是许多人的首选。

做凉拌菜选料很关键，选用的原料必须新鲜，最好是刚摘的或新采购的新鲜蔬菜或新鲜肉类。当然，无污染的"绿色蔬菜"或"无公害蔬菜"更为理想。在加工前，务必用清洁水把菜洗净，然后用开水烫一下。烫菜时，水要开，火要旺，做到蔬菜"沸进沸出"，有些蔬菜不适宜用开水烫，如黄瓜、西红柿、萝卜等，最好先用蔬菜洗涤剂浸泡一会儿，再冲洗干净。洗净待用的菜肴不要再与不洁净的炊具接触，以免引起第二次污染。

所有的原料最好都切成刚好一口能吃进去，有些新鲜蔬菜用手撕成小片，口感会比用刀切好。例如小黄瓜、胡萝卜等要先用盐腌一下，再挤出适量水分，或用清水冲去盐分，沥干后再加入其他材料一起拌匀，不仅口感较好，调味也会较均匀。在凉拌菜中适量放些醋、蒜、姜等调料，不仅增加味道，而且有助于杀菌消毒。各种不同的调味料，先用小碗调匀，待要上桌时再和菜肴一起拌匀。不要太早加入调味酱汁，因多数蔬菜遇咸都释放水分，会冲淡调味，因此最好准备上桌时再淋上酱汁调拌。制作肉类食品时，要把肉煮熟、煮透。盛装凉拌菜的盘子如能预先冰过，冰凉的盘子装上冰凉的菜肴，绝对可以增加凉拌菜的美味。

下面介绍一下蒜末拌菠菜和酱牛肉的做法。

蒜末拌菠菜：

原料：菠菜250克、芝麻酱10克、蒜末25克、花椒20粒、盐3克、酱油5克、醋3克、味精2克、香油5克、植物油10克。

做法：1. 将菠菜洗净，切成1厘米长的段，放沸水中焯一下后，捞出放凉开水中过凉，沥干后放置盘中。

2. 花椒焙干，放植物油炸焦，去掉花椒后，将油浇在菠菜上，加入盐、蒜末、醋、酱油、味精调味。

3. 用香油把芝麻酱稀释，淋在菠菜上，拌匀即可食用。

酱牛肉：

原料：前腿牛腱子、丁香、花椒、八角、陈皮、小茴香、甘草、香叶、大葱、生姜、生抽、老抽、白糖、盐、五香粉。

做法：1. 将前腿牛键子洗净，切成10cm见方的大块。锅中倒入清水，大火加热后，将牛肉放入，在开水中略煮一下，捞出后，用冷水浸泡，让牛肉紧缩。

2. 将丁香、花椒、八角、陈皮、小茴香、甘草装入调料盒后放入锅中，桂皮和香叶为方便捡拾，可直接放入锅中。大葱洗净切三节。姜洗净后，用刀拍散。生抽1汤匙、老抽1汤匙、白糖1汤匙、盐2汤匙、五香粉1/2茶匙。

3. 砂锅中倒入适量清水，大火加热，依次放入香料、葱姜、生抽、老抽、糖、五香粉。煮开后放入牛肉，继续用大火煮约15分钟，转入小火到肉熟。用筷子扎一下，能顺利穿过即可。将牛肉块捞出，放在通风、阴凉处放置2小时左右。

4.将冷却好的牛肉,倒入烧开的汤中小火煨半小时。

5.焖好后盛出,冷却后切薄片即可。

招式 55　如何使炒熟的蔬菜保持鲜绿

很多绿叶蔬菜在烹制时往往会变成黄色,不仅影响菜式的美观,还影响人的食欲。怎样才能让它保持鲜绿,让人垂涎三尺呢?教你几个妙招。

第一招,适时盖锅盖。不要一开始就把锅盖得严严的,那样会使锅里的菜褪色发黄。正确的方法是先将青菜炒或煮一下,再盖好锅盖,这样才不会使叶绿素受酸的作用而变黄了。

第二招,可以在炒菜时稍加些小苏打或碱面,能使蔬菜的颜色更加鲜艳透明,好看美观。

第三招,在炒青菜时,可以放一点点料酒,这样的话青菜就会保持脆口和青绿颜色,使人食欲大增。

招式 56　如何勾芡

勾芡多用于熘、滑、炒等烹调技法,通过勾芡,可以使汁液浓稠并附于原料表面,从而达到菜肴的光泽、滑润、柔嫩和鲜美。勾芡是否适当,对菜肴的质量影响很大,因此要注意技法。

根据烹调方法及菜肴特色,大体上有以下几种芡汁用法:

第一,包芡,一般适合于爆炒方法烹调的菜肴。如鱼香肉丝、炒腰花等都是用包芡,吃完菜后,盘底基本不留卤汁。

第二,糊芡,一般适合于焖、滑、熘、烩等方法烹制的菜肴。需要用粉汁将菜肴的汤汁变成糊状,达到汤菜融合、口味滑柔,如:糖醋排骨等。

第三,流芡,在菜肴装盘后,用较稀的粉汁和锅中的卤汁混合加热勾芡,然后浇在菜肴上,增加菜肴的滋味和光泽。

勾芡需要注意几个关键问题:

一是把握好勾芡的时间。通常情况下,应该在菜肴九成熟时进行勾芡,过早勾芡会使卤汁发焦,过迟勾芡易使菜受热时间长,失去脆嫩的口味。

二是用于勾芡的菜肴不能用太多的油,否则调好的卤汁不易粘在原料上，不能达到增鲜、美形的效果。

三是菜肴汤汁不能过多或过少，否则会造成芡汁过稀或过稠，从而影响菜肴的质量。

四是采用单纯的粉汁进行勾芡时，必须先将菜肴的口味和色泽调好，然后再淋入湿淀粉勾芡，以保证菜肴的味美色艳。

厨房里的很多菜肴需要在烹饪后期进行勾芡，增添美味。但也有不少菜肴是不宜勾芡的：如味道清爽的菜肴，像韭菜、蒜苗、绿豆芽等，加入了芡汁反而会使口感变得黏而不爽，味道过浓。蜜汁菜肴类也不宜勾芡。

温馨提示

正确调味三要点

第一，新鲜的鸡、鱼、虾和绿色蔬菜等，其自身就有一种特殊的鲜味，调味不宜过重，否则会掩盖其天然美味。如果原料本身的新鲜度欠佳，调味时可以适当调重一点，以便消除异味，增加美味。

第二，腥味和膻气较重的原料，如鱼、牛羊肉、动物肝脏等，调味时应酌量多加些去腥腻的调味品，如料酒、醋、糖、葱、姜、蒜、辣椒等，以便减少恶味，增加鲜美度。

第三，本身无特定味道的原料，如海参、鱼翅、木耳、鱼肚、蹄筋等，除必须用鲜汤外，还应当按照所要烹制菜肴的特点，进行相应的调味。

第四章
15招教你科学母婴护理
shiwuzhaojiaonikexuemuyinghuli

第一节　4招教你护理产妇
第二节　11招教你护理幼婴

99招让你成为
jiazhengfuwunengshou

简单基础知识介绍

雇主家里有了产妇，作为家政人员，应该担负起照顾产妇和婴儿的责任。通过专业的月子护理培训，家政服务人员需要掌握科学的母婴护理方法，从饮食、哺乳、卫生等多方面进言献策，帮助新妈妈顺利度过产后的关键时期，帮助幼婴认识和适应这个神奇的世界。

行家出招

第一节 4招教你护理产妇

从怀孕到生产，女人的生理和心理都会发生很大的变化，需要做好产妇的产后护理工作，帮助她们快速、安全、健康地修复。这里所说的产妇护理主要包括对产妇产后的体质、体型等的日常恢复的生活护理，产妇的月子护理等，具体比如生活护理、乳房护理、产妇食谱、心理指导等等。如何做好产妇的护理，让她们远离"月子病"的困扰，帮助她们尽快掌握做新妈妈的技能，让她们尽快适应角色的转变，顺利进入母亲的行列，是家政服务人员要做的一项重要工作，需要家政服务人员掌握基本的护理常识。

招式57 如何帮助产妇催乳

母乳营养丰富，易于消化，是妈妈带给宝宝的最好礼物，宝宝想吃随时都可以，且不用加热、温度适中，是其他乳制品不可替代的。而且母乳有着极其复杂的成分和营养搭配，其中所含的多种酶和免疫抗体能增强抵抗力，这对宝宝的发育和成长非常重要，这些活性酶和抗体是其他乳制品无法提供和满足的。因此，新妈妈要坚持母乳喂养，让孩子赢在起跑线上。作为护理母婴的家政服务人员，这个时候要充分发挥自己的作用，帮助产妇催乳，鼓励她顺利实现母乳喂养。

第一，为产妇提供及时、适量、科学的饮食。考虑到产妇在哺乳期间不可偏食，因此，要合理搭配饮食。分娩后的第一周内食物宜清淡，应以低蛋白、低脂肪的流质为主。此后可适当增加营养，适当多吃一些促进乳汁分泌的食物，如鲢鱼、鲫鱼、猪蹄及其汤汁，还可适当吃一些木瓜、黄豆、丝瓜、黄花菜、核桃仁、芝麻等食物。需要注意的是，不能给分娩后的产妇马上进食猪蹄汤、鲫鱼汤等高蛋白、高脂肪的饮食，这类食物会使初乳过分浓稠，引起排乳不畅。

第二，要鼓励产妇，使其保持精神愉快，进行科学的母乳喂养。

产妇应两侧乳房交替哺乳，以免将来两侧大小相差悬殊，影响美观。每次喂奶都应给婴儿足够的时间吸吮，大致为每侧10分钟，这样才能让婴儿吃到乳房后半部储存的后奶。后奶里的脂肪含量多，热能是前奶的两倍，营养非常丰富。如果母婴一方因患病或其他原因不能哺乳时，一定要将乳房内的乳汁挤出、排空。每天排空的次数为6～8次或更多。只有将乳房内的乳汁排空，日后才能继续正常地分泌乳汁。

由于人工喂养3次后，婴儿就会产生乳头错觉。因此，要尽量避免早期使用各种人工奶头及奶瓶。乳头错觉的纠正，要在婴儿不甚饥饿或未哭闹前指导母乳喂养，可通过换尿布、变换体位、抚摸等方法使婴儿清醒，产妇以采取坐位哺乳姿势为佳，可使乳房下垂易于含接。乳房过度充盈时热敷5分钟，挤出部分乳汁使乳晕变软，便于宝宝正确含接乳头及大部分乳晕。

第三，每次哺乳前让产妇把热毛巾覆盖在乳房上，用左手托住乳房的下侧，右手中指、食指并拢，以乳腺管的走向按顺时针或逆时针方向轻轻滑动按摩乳房，每次15～20分钟，这样可以减轻乳房胀痛，也会促进乳汁排出。

第四，要提醒产妇多加休养，保证足够的睡眠和休息，不能因照料婴儿而太过劳累。最好采取与婴儿同步休息法，减少干扰，这样才能保证充足的母乳，对婴儿的生长发育和产妇的身体机能及身材的恢复有利。

招式58 如何指导产妇坐"月子"

第一，洗澡。受传统"坐月子"观念的影响，许多产妇不敢贸然在月子里洗澡，生怕着凉。其实，这种观念和做法是不正确的。产妇汗腺分泌活跃，容易出汗，加之哺乳、溢乳和恶露排泄等情况，更应该注意个人卫生，洗澡是应该的也是必要的。不过洗澡时有几个注意事项。应以淋浴为主,产后1个月内应禁盆浴。水温略高于体温,若条件有限,可选择温水擦洗身体。没必要每天洗澡,一般每周3~4次,每次10~20分钟即可。同时,要注意尽量不要在饥饿时洗澡,以免虚脱头晕。

第二,吹风。传统观念认为产妇不能吹风,以免病邪入侵。但如果气候炎热,不适当降温的话,极易导致产妇中暑。因此,可以选择空调降温。由于产妇身体虚弱,机体抵抗力差,外界病邪容易侵入机体而引起感冒发热,所以在吹空调时,应将温度调高一些,一般应在26℃左右,吹的时间也不可过长。如果是吹风扇,要避免风扇对着吹,可以让电风扇往墙壁上吹风,以增加室内的空气流动,降低室温。除此之外,适当开窗户通风也是很有必要的,新鲜的空气对产妇有益无害,如果怕风吹着,可以挂上帘子,不要让风对着吹。

第三,忌口。民间甚是流行月子里忌口的做法,不同地区也有所差异。其实,凡此种种,绝大多数属不科学、不合理的禁忌。产后新妈妈需要补充自身消耗,还要担负哺育宝宝的任务,营养需求自然要比平时有较大的增加。过多的忌口限制不仅会使产后饮食变得单调乏味,而且难以满足营养需求,由此所带来的直接影响是不利于母婴健康。不过辛辣或刺激性强的食物要禁忌。

第四,运动。产妇在月子里应该进行适当的锻炼,不可终日卧床。

整日卧床休息,会使产妇食欲减退,精神不振,不利于子宫的恢复和恶露的顺畅排出,容易导致子宫后位和腰酸不适。产妇应该在充分休息和充足营养的基础上,进行适当的身体运动,促进产后身体恢复。一般经产后1~2天的卧床休息后,即可起床稍坐站和步行。产后2周左右,可以做一些轻便的家务和进行产褥保健操,产后3周左右可以慢跑做轻微的运动,做伸展性的瑜伽动作,身体素质好的产妇,可在床上仰卧起坐,这样不但有益健康,对体型的恢复也大有好处。

第五,外出。传统"坐月子"观念里,不让产妇出屋。这种说法并没有什么科学道理。到了产后第3周的时候,产妇的身体已经日渐恢复,每天早晚,可以带着宝宝走出房间,到凉台上去遛一会儿,呼吸新鲜空气,对健康大有裨益。

招式 59　如何对抑郁症产妇进行护理

女性在产后,很容易得抑郁症。狂喜、伤心、郁闷等种种情感交织在一起,影响产妇的身心健康。作为家政护理人员,要细心发现产妇的情绪变化,帮助产妇心理恢复。

首先,要鼓励产妇乐观处事,学会幽默。幽默能调节紧张情绪,使产妇尽快适应新角色、新环境,减轻焦躁和不安,使情绪变得轻松。

其次,要给予产妇体贴的照顾。由于雌激素突然下降、身体疲劳和一些心理障碍得不到及时的排遣等原因,产妇常常会为一点小事不称心而感到委屈、甚至伤心落泪。这些症状往往在产后一周内发生,并能自行恢复,但有些则可能发展为产后抑郁。因此要给予她们足够的理解、关心、体贴和照顾。

再其次,要鼓励产妇进行社交,不要整天都围着宝宝转,要参加一定范围的社交活动,保持头脑灵活和增加信息量。

最后,对产妇抑郁症要及早治疗,可以采用中药疗法。

中药方剂一　加味百合地黄汤:百合、麦冬、太子参、浮小麦各 30 克,生地、竹茹各 15 克,五味子 10 克,甘草 6 克,大枣 6 枚,每日一剂水煎服。

中药方剂二　解郁安神汤:柴胡、茯苓、当归、合欢皮、白芍、炒枣仁各 20 克,五味子 25 克,知母 10 克,夜交藤 30 克,每日一剂水煎服。

中药方剂三　小柴胡汤:柴胡 15 克,酒黄芩 12 克,党参 20 克,姜半夏、甘草各 10 克,生姜 6 片,大枣 6 枚,每日一剂水煎服。

中药方剂四　归脾汤:人参 20 克,白术、黄芪、龙眼肉各 15 克,茯苓 25 克,甘草、枣仁、远志各 10 克,当归 12 克,木香 9 克,每日一剂水煎服。

中药方剂五　黄连阿胶汤:黄连 3 克,黄芩、白芍、菖蒲、柴胡、甘草、郁金、阿胶各 10 克,浮小麦 30 克,枣仁 15 克,大枣 5 枚,每日一剂水煎服。

招式 60　怎样指导哺乳妈妈回奶

回奶主要有自然回奶和人工回奶两种。通常情况下,哺乳时间在 10 个月至 1 年而需要正常断奶者,可采用自然回奶法;因各种疾病或特殊原因在哺乳时间尚不足 10 个月时断奶者,则多采用人工回奶法。

自然回奶,就是逐渐减少喂奶的次数,缩短喂奶的时间,少进汤汁和下奶的食物,使乳汁分泌逐渐减少以致全无。

人工回奶,就是用各种回奶药物使乳汁分泌减少。可口服或肌肉注射雌激素类药物,如口服乙烯雌酚,每次5mg,每日3次,连服3~5天;或肌肉注射苯甲酸雌二醇,每次2mg,每日2次,连续注射3~5日。口服或外用中药类回奶药亦可有较好效果,如炒麦芽120g,加水煎汤,分3次温服;或食豆浆1碗,加少许白砂糖;或先将乳汁吸出,用皮硝50~60g,置于纱布袋中,外敷于乳房,潮解后需及时更换,每日3~4次。

也可以通过饮食调理,帮助产妇快速回乳。下面介绍四种常见饮食妙方。

第一,人参芡实羊肉汤。

原料:人参9克,芡实15克,莲子(去心)15克,淮山15克,大枣10克,羊肉500克,香油、味精、精盐各适量。

制作:1.将羊肉洗净,切成小块。

2.锅置火上,加适量清水,放入羊肉块、人参、芡实、莲子、淮山、大枣,用旺火煮沸后,改用文火炖至肉熟透时,放入香油、味精、精盐调味即成。

特点:鲜香,味甜中带咸。

食用功效:此汤具有补气养血、固摄乳汁的功效。可用于防治产后气血不足、乳汁自出等症。

第二,麦芽鸡汤。

原料:母鸡1只、炒麦芽60克、熟猪油15克、鲜汤2000克、细盐10克、味精3克、胡椒粉1克、葱5克、姜5克。

做法:1.将鸡洗净切成3厘米见方的块,炒麦芽用纱布包好。

2.锅内加猪油烧热,投葱、姜、鸡块煸炒几下,加清汤、麦芽、细盐,用小火炖1~2小时,加味精、胡椒粉,取出麦芽包即成。

食用功效:消食回乳。

第三,柴郁莲子粥。

原料:柴胡、郁金各10克,莲子(去心)15克,粳米100克,白糖适量。

做法:1.莲子捣成粗末;粳米淘洗干净。

2.将柴胡、郁金放入锅中,加适量清水煎煮,去渣,加入莲子、粳米煮粥,等粥熟时,加入白糖调味即成。

说明:柴胡味苦,性微寒,有泻肝火和解退热的作用。郁金有解肝气郁结的作用。此粥具有疏肝解郁、固摄乳汁的作用。可用于防治产后肝气郁结所致乳汁自出等症。

特点：黏稠，味甜。

食用功效：防治产后肝气郁结所致乳汁自出等症。

第四，炒麦芽肉片汤。

原料：麦芽150克，猪肉（瘦）240克，蜜枣30克，盐3克。

做法：1.麦芽用锅炒至微黄。

2.将蜜枣洗净。

3.瘦猪肉用水洗净抹干、切片，加入腌料，腌透入味。

4.将洗净的蜜枣，炒麦芽放入煲滚的水中，继续煲45分钟。

5.放入猪肉，滚至瘦猪肉熟透。

6.以细盐调味，即可饮用。

食用功效：麦芽有消食健胃作用，既舒肝气又可回乳。

第二节　11招教你护理幼婴

幼婴护理，是家政服务人员所要掌握的一项基本技能，本节将从新生儿的护理、新生儿的抚触、幼婴的饮食、幼婴的疾病等多方面进行介绍，让家政服务人员掌握护理幼婴的常识和技能，更好地为雇主进行服务。

招式61　如何对新生儿进行护理

第一，脸部护理。宝宝经常会流口水、吐奶，这样会经常弄脏脸上的皮肤。可以准备柔软湿润的毛巾，替宝宝抹净面颊，在秋冬季节如能及时涂抹润肤膏，就可防止肌肤干燥，保持皮肤柔嫩。

第二，眼部护理。有些宝宝的眼角容易发红，睡觉醒来后眼屎分泌物较多。需要每天用湿药棉替宝宝清洗眼角。

第三，鼻腔护理。宝宝的鼻孔细小，灰尘和分泌物容易形成污物阻塞鼻孔而影响呼吸。可以用湿棉签轻轻卷出分泌物。

第四，脐部护理。宝宝出院时脐带已脱落，但有时脐孔稍湿或少量出血。

不论脐带是否脱落,一定要在每天洗澡后清洁脐部,即用消毒棉签蘸75%的医用酒精,从脐部的中央按顺时针方向慢慢向外轻抹,重复三次,更换三根棉花棒,抹出污物、血痂,保持脐部干爽和清洁。当脐部红肿或有脓性分泌物时,应立即去医院就诊。

第五,臀部护理。宝宝的臀部非常娇嫩,肌肤更容易受到尿渍、粪渍的侵害,患尿布疹等疾病。要帮宝宝勤洗勤换尿片,更换尿片时用婴儿护肤柔湿巾清洁臀部残留的尿渍、粪渍,然后涂上婴儿护臀霜。

第六,身体及四肢护理。宝宝经常出汗,应常备柔软毛巾为他擦干身体,以防着凉,并经常更换棉质内衣,不要给宝宝穿得太厚太暖。要坚持每天给宝宝洗澡,秋冬季节涂上润肤膏或润肤露,防止皮肤干燥。夏季涂抹爽身粉,生了痱子的宝宝要保护房间的通风和凉爽。

第七,指甲护理。要及时将宝宝的手指甲和脚趾甲剪短,以防指甲长了,宝宝抓伤自己的皮肤,造成感染。

招式62 如何给新生儿洗澡

新生儿体形娇小,身体柔软,皮肤娇嫩,给他们洗澡时需要特别注意和小心。为了避免宝宝吐奶,给宝宝洗澡的时间应安排在喂奶前1~2小时。我们可以选用新生儿专用洗澡盆,洗澡前先将盆认真彻底刷干净,并用热水把盆烫洗一遍,以免留下细菌。宝宝的皮肤娇嫩,为避免宝宝皮肤烫伤,给宝宝放洗澡水时,水温应该控制在38~41摄氏度之间。放水时应先放冷水再放热水,千万不要先放热水,以防忘记放冷水,引起宝宝皮肤烫伤。然后用手背或手腕部试水温。这两个部位皮肤较娇嫩,更接近于宝宝的娇嫩皮肤,可以感知怎样的水温更适合宝宝,水温以不感觉烫手背为宜。也可以使用专门的水温计测量水温。此外,我们还要将宝宝的浴巾、衣服都放在近旁,便于擦身和洗浴后穿戴。

待这一切准备好后,就可以给宝宝脱衣服洗澡了。左右手协调,托住宝宝身体,可以把宝宝专用的沐浴液倒入水中或全身涂抹沐浴液,然后轻轻把宝宝放入水中。洗澡的时候,用左臂夹住宝宝的身体并托稳宝宝头部,使宝宝觉得安全舒适,用食指和拇指轻轻将宝宝耳朵向内盖住,防止水流入宝宝耳朵。给宝宝洗澡先从头部开始,先洗脸再洗头,然后洗全身。宝宝皮肤娇嫩,不能用粗糙硬度较大的毛巾给宝宝洗澡,以免擦伤宝宝皮肤,应选用柔软的小毛巾。可以备用两条柔软的毛巾,一条擦洗脸部一条擦洗身体其他部位。这里特别提醒一下,如果已经拿毛巾擦洗宝宝外阴,特别是女孩,就不应该再用该毛巾擦洗身体其他部位,如宝宝的鼻子、嘴巴、眼睛,避免外阴部细菌感染这些部位。如果要再用此毛巾,必须清洗确保干净。用毛巾清洗时,应一边擦洗一边折毛巾,用干净的毛巾角擦洗。也可以用棉花球沾水湿润后清洗宝宝身体。洗完脸部头部,再洗宝宝正面身体部位。之后将小儿倒过来,使小儿的头顶贴在自己的左胸前,用左手抓住小儿的左大腿,右手用浸水的小毛巾先洗会阴腹股沟及臀部,最后洗下肢及双脚。洗完,立即将小儿用大毛巾裹上,轻轻擦干。

在给宝宝穿衣之前,最好给宝宝的脖子、腋窝等部位轻轻扑上一层爽身粉,保持这些部位的干燥,避免热痱子出现。

招式63 怎样护理婴儿的头发

若想让婴儿拥有一头健康的头发,就要摒弃传统的错误观念,学会使用新的"黄金法则"。先说说传统的做法。有些人为了让宝宝的头发长得浓密乌黑,就给婴儿的头皮上擦生姜,想以此增加毛囊周围的血液循环,促进头发生长。这种做法毫无科学依据,是无益的;还有些人通过给宝宝多剃头来达到多生长毛发的目的。这种做法非常危险,因为当剃刀接触宝宝的头发时,不少毛孔会受到损伤,这些损伤我们肉眼并看不到,加上剃刀不干净或者头部皮肤不清洁,细菌容易趁机而入,导致局部有小脓疮或者皮肤化脓感染。所以,不可采取这种方法。

那么,到底如何使宝宝拥有健康的头发呢?下面介绍一下"黄金法则"。

法则一:勤洗发。宝宝生长发育速度极快,新陈代谢非常旺盛,因此,最好每天给宝宝洗一次头发,尤其是天气炎热时。经常保持头发的清洁,可使头皮得到良性刺激,从而促进头发的生发和生长。如果总是不给宝宝洗头发,头皮上的油脂、汗液以及污染物就会刺激头皮,引起头皮发痒、起疱,甚至发生感染。这样,反而使头发更容易脱掉。在给宝宝洗头时应选用纯正、温和、无刺激的婴儿洗发液,洗头发时要轻轻用手指肚按摩宝宝的头皮,切不可用力揉搓头发。

法则二：勤梳理。经常梳理头发能够刺激头皮，促进局部的血液循环，有助于头发的生长。但是，不要使用过于硬的梳子，最好选用橡胶梳子，因为它既有弹性又很柔软，不容易损伤宝宝稚嫩的头皮。

法则三：均衡饮食。全面而均衡的营养，对于宝宝的头发生长发育极为重要，由于头发成分中97%是蛋白质，头发的生长需要一定量的含硫氨基酸，而这种氨基酸人体并不能合成，必须通过食物中的蛋白质来获得。假如每日蛋白质的摄入量少于50克，就会造成人体蛋白质的严重缺乏，势必影响头发的生长。因此，一定要按月龄给宝宝添加辅食，及时纠正偏食挑食的不良饮食习惯，饮食中保证肉类、鱼、蛋、水果和各种蔬菜的摄入和搭配，经常给宝宝食用含碘丰富的紫菜、海带，这样一来，丰富而充足的营养素，可以通过血液循环供给毛根，使头发长得更结实、更秀丽。

法则四：睡眠充足。宝宝的大脑尚未发育成熟，因此很容易疲劳，如果睡眠不足，就容易发生生理紊乱，从而导致食欲不佳、经常哭闹及容易生病，间接地导致头发生长不良。通常，刚刚出生的宝宝，每天要保证睡眠20小时；1～3个月时每天保证睡眠16～18个小时；4～6个月时每天保证15～16个小时睡眠；7～9个月时，每天保证睡眠14～15个小时；10个月以上每天保证睡眠10～13个小时。

招式64 教新妈妈对婴儿进行抚触

婴儿抚触是通过抚触者双手对被抚触者的皮肤进行有次序的、有手法技巧的科学抚摩，让大量温和良好刺激通过皮肤传到中枢神经系统，以产生积极的生理效应。每天给婴儿进行系统的抚触对婴儿的智能发育、心理运动发育都有明显效果。

对婴儿进行抚触前，房间内要温暖而安静，室温控制28～30℃之间，播放一些柔和音乐；备好适量的润肤油、润肤露、爽身粉以及干净的衣服；抚触的时间宜安排在婴儿沐浴之后，睡觉前，两次喂奶之间，婴儿不饥饿，不疲倦，不烦躁且清醒时进行。抚触时抚触者双手要干净、温暖、没有长指甲，且心情放松，充满爱意。

抚触顺序应为：前额→下颌→头部→胸部→腹部→上肢→下肢→背部→臀部。

第一节,脸部抚触。在手掌中倒适量婴儿油,将手搓热,从婴儿前额中心处开始,用双手拇指轻轻往外推压。然后依次是眉头、眼窝、人中、下巴。这些动作,可以舒缓脸部因吸吮、啼哭及长牙所造成的紧绷。做6个节拍。

第二节,胸部抚触。双手放在宝宝的两侧肋缘,先是右手向上滑向宝宝右肩,复原;换左手,方法同前。这个动作可以顺畅呼吸循环。做6个节拍。

第三节,手臂按摩。双手先捏住宝宝的一只胳膊,从上臂到手腕轻轻挤捏,再按摩小手掌和每个小手指。换手,方法同前。这个动作,可以增强手臂和手的灵活反应,增加运动协调功能。做6个节拍。

第四节,腹部按摩。按顺时针方向按摩腹部,但是在脐痂未脱落前不要按摩该区域。用手指尖在婴儿腹部从左方向右按摩,感觉气泡在指下移动。可做"I LOVE YOU"亲情体验,用右手在婴儿的左腹由上往下画一个英文字母"I",再由左至右画一个倒写的"L",最后由左至右画一个倒写的"U"。在做上述动作时要用关爱的语调说"我爱你",传递爱和关怀。

第五节,腿部按摩。按摩婴儿的大腿、膝部、小腿,从大腿至踝部轻轻挤捏,然后按摩脚踝及足部。接下来双手夹住婴儿的小腿,上下搓滚,并轻拈婴儿的脚踝和脚掌。在确保脚踝不受伤害的前提下,用拇指从脚后跟按摩至脚趾。

第六节,背部按摩。双手平放婴儿背部,从颈部向下按摩,然后用指尖轻轻按摩脊柱两边的肌肉,然后再次从颈部向脊柱下端迂回运动。

0到3岁是婴儿抚触的关键期,一般越早开始对婴儿进行抚触,效果越明显。但对大一点的孩子做抚触也是一个良好的情感交流方式,让孩子达到放松的目的。对宝宝进行抚触需要注意:

第一,每次对新生儿抚触十五分钟即可,一般每天进行三次抚触。要根据婴儿的需要,一旦感觉婴儿满足了即应停止。婴儿觉得累时,任何刺激均不适宜。如出现哭闹,应暂停。

第二,婴儿出牙时,面部抚触和亲吻可使其脸部肌肉放松。

第三,开始时要轻轻抚触,逐渐增加压力,好让婴儿慢慢适应起来。手法要轻巧、柔和,力度要合适,避免弄伤宝宝。

第四,不要强迫婴儿保持固定姿势,如果婴儿哭了,先设法让他安静,然后才可继续。一旦婴儿哭得很厉害,应停止抚触。

第五,不要让婴儿的眼睛接触润肤油。

第六,婴儿开始爬行后有更多的活动,应减少抚触次数。

招式65　如何防止宝宝掉下床

随着宝宝的渐渐长大，宝宝会进入"翻滚"阶段，这个时期就要特别注意给宝宝创造一个安全舒适的睡眠、玩耍环境，谨防宝宝从床上掉下来，造成伤害。

第一，现在的婴儿床都有护栏，如果没有，就要增加护栏，给宝宝第一重安全保护。

第二，在床边的地板上铺上软垫，这样万一宝宝不小心掉下床，也不至于直接撞在地板上。

第三，婴儿床不宜放在有高度落差的地板边缘，否则，万一宝宝不小心摔下床，可能会继续滚落到较低的地板上，又多受一次伤害。

第四，移除婴儿床周边的杂物，尤其是尖锐物品。如果婴儿床附近有家具的棱角，应该在转角上加装软垫，或者用布将尖锐的角包裹起来，以防宝宝坠落后受到尖锐物的撞击。

假如宝宝不小心掉下床，必须先确认其是否骨折。假如宝宝跌落后剧烈哭闹或失去意识，且手脚都不敢活动，就要怀疑是不是颈椎受到伤害或脑震荡及颅内出血。无论是骨折还是颈椎受伤，都应该立刻固定受伤部位，不要移动。如果不会固定受伤部分，必须等急救人员来操作，以免因为处理不当而造成更严重的伤害。假如宝宝掉下床后发生流血状况，可先进行止血处理，最简单有效的就是直接加压止血法。可拿一块干净的纱布放在伤口上直接加压，直到出血停止。如果宝宝流鼻血，可以用手压住其鼻根的地方以帮助止血，但不要把宝宝的头仰起，以免血液返流到胃部引起刺激性呕吐。

招式66　科学食蛋营养多

鸡蛋是一种营养非常丰富的食品，特别是蛋黄，含有丰富的营养成分，对促进幼儿生长发育、强壮体质及大脑和神经系统的发育、增强智力都有好处。4个月以上、1岁以内的婴儿，以食用蛋黄为宜，一般从1/4个蛋黄开始，适应后逐渐增加到1~1.5个蛋黄。1岁以上的幼儿可以开始食用全蛋，以每天吃一个为宜。

鸡蛋的吃法很多,要根据孩子的不同年龄和身体健康状况,选用不同的吃法。婴儿可以吃煮鸡蛋中的蛋黄,将之碾成粉,加水或奶食用。低龄幼儿,可吃蒸鸡蛋羹、蛋花汤、水泼蛋和煎荷包蛋。儿童可以食用炒鸡蛋、蛋饺、蟹粉蛋等。

煮鸡蛋看似简单,其实也要讲技巧。如果煮法不得要领,往往会使蛋清熟而蛋黄不熟;或煮过头了,把鸡蛋煮得开了花,蛋白蛋黄都很硬,这样都不利于消化吸收。正确的煮蛋法:鸡蛋于冷水下锅,慢火升温,沸腾后微火煮两分钟。停火后再浸泡5分钟,这样煮出来的鸡蛋清嫩,蛋黄凝固而不老。

蒸鸡蛋羹做起来很方便。我们可以将鸡蛋在碗中用筷子充分打散,加入适量的盐、鸡精拌匀。然后放入蒸锅,在蛋碗上反扣一个盘子用水蒸。待水开后,立马改中小火蒸15到20分钟。最后在炒锅内放少许油,加入蚝油,稍炒后淋在蛋羹上,再撒上葱花,一碗软嫩可口的蒸鸡蛋羹就做好了,保准宝宝喜欢。

招式67 小儿得了鹅口疮,应该怎么办

鹅口疮是婴幼儿时期宝宝口腔的一种常见疾病,常表现为口腔里生成白色的假膜。这些病症由白色念珠菌引起,多发生于口腔不清洁或营养不良的宝宝。奶瓶奶嘴消毒不彻底,母乳喂养时妈妈的乳头不清洁,或者宝宝平时接触了感染念珠菌的食物、衣物和玩具等,都能感染鹅口疮。另外,宝宝在6~7个月时开始长牙,此时牙床可能有轻度胀痛感,宝宝便爱咬手指、玩具等,这样就容易把细菌、霉菌带入口腔,从而引起感染。

鹅口疮的症状较轻时,宝宝没有明显的痛感或仅在进食时有痛苦表情,不易被发现;感染严重时宝宝会因疼痛而烦躁不安、啼哭、哺乳困难,有时伴有轻度发热。对于鹅口疮患儿,可以采用药物治疗。新生宝宝,可在吃奶后用1%的龙胆紫溶液滴于其舌下,让其舌头活动而将药物涂到整个口腔。一般每日滴2~3次,同时补充复合维生素B和维生素C,每日两次,每次各1片,压碎成粉,加水溶解后喂给宝宝。稍大月龄的宝宝,可用制霉菌素研成末与鱼肝油滴剂调匀,涂搽在创面上,每4小时用药一次,疗效比较显著。症状严重的宝宝也可口服一些抗真菌的药物,如制霉菌素或克霉唑等,进行综合治疗。也可用每毫升含制霉菌素5~10万单位的液体涂局部,每天3次,涂

药时不要吃奶或喝水,最好在吃奶以后涂药,以免冲掉口腔中的药物。

此外,要特别注意居家卫生。新妈妈喂奶前应该洗手并用温水擦干净自己的乳头,保持餐具和食品的清洁,奶瓶、奶嘴、碗勺等专人专用,使用后用碱水清洗,煮沸消毒。

招式68 肺炎患儿家居护理注意事项

肺炎是小儿的常见病,"三分治疗,七分护理",有效的护理能帮助宝宝更快康复。

第一,要做好日常物理护理。室温应保持在20度左右,相对湿度为55%~65%,防止呼吸道分泌物变干,不易咳出来。要勤开窗户,使室内空气流通,阳光充足,可减少空气中的致病细菌,阳光中的紫外线还有杀菌作用。但应避免穿堂风,这样有利于肺炎的恢复。要保持安静、整洁的环境,保证患儿休息。少带宝宝到人多的地方去,如超市、商场等。

第二,要注意患儿保暖,避免对流风。患儿衣服不宜过多过紧,以免加重出汗,出汗后应及时更换干燥温暖的衣服,腹泻时尿片应勤更换,并用开水烫过晒干后再用。定期查看患儿腹股沟、臀部皮肤,每天用温水擦洗,防止皮肤糜烂。

第三,要时刻保持呼吸道通畅,对多痰的患儿要定时轻轻拍打他的背部,帮助其排出痰液。经常清除孩子鼻道分泌物,睡觉时让孩子头部偏侧。婴儿在咳嗽时,应停止哺喂,以免食物呛入气管。呼吸困难的婴幼儿应将患儿抱起哺喂,以免乳汁吸入气管引起窒息,若发生呛奶、呕吐,要及时清除口腔、鼻孔内的食物。

第四,患肺炎的小儿消化功能会暂时降低,如果饮食不当会引起消化不良和腹泻。根据患儿的年龄特点给以营养丰富易于消化的食物。吃奶的患儿应以乳类为主,可适当多喝水,可适当在牛奶里加点水兑稀一点,少喂多餐。若患儿发生了呛奶,要及时清除其鼻孔内的乳汁。年龄大一点能吃饭的患儿,可吃营养丰富容易消化且清淡的食物,鼓励患儿多进米汤、果汁等,以补充热量和呼吸道水分,但要适量,同时要限制钠盐的摄入,避免加重心肺负担。

第五,食疗调节。最简单且有效的方法就是川贝炖雪梨。将雪梨蒂部去掉,挖出中间的核,再将川贝粉加入雪梨内,放在碗中蒸10分钟,等冷却后喝汤吃梨,对宝宝肺部恢复很有帮助。

招式 69　小儿感冒了,该如何应对

感冒、咳嗽是小儿的常见病,当孩子生病了的时候,人们常常走入一个误区,那就是孩子生病了,身体变得虚弱,要吃有营养的东西来补补。事实上,孩子生病期间的饮食最好清淡,需要注意几个事项。

首先,饮食要清淡,应该选取富有营养并易消化和吸收的食物。如果孩子食欲不振,可以给孩子做些清淡味鲜的菜粥、片汤、面汤之类的易消化食物。

其次,多给孩子食用新鲜蔬菜和水果。补充足够的无机盐和维生素,对感冒咳嗽的恢复大有好处,应该给孩子多吃西红柿、胡萝卜等富含维生素A的食物,帮助和促进呼吸道黏膜的恢复。

再其次,要给孩子喝足够的白开水,来满足患儿的生理代谢需要。充足的水分可帮助稀释痰液,便于痰液咳出。

最后,不要给孩子吃咸或甜的食物。吃咸易诱发咳嗽,致使咳嗽加重;吃甜助热生痰。所以,孩子患病期间不要给孩子吃这些食物。

招式 70　如何应对小儿湿疹

宝宝两岁之前,很容易患上湿疹。头部、脸或脖颈等处出现丘疹或水疱,瘙痒无比,患儿常烦躁啼哭。下面介绍几种婴儿湿疹的治疗方法。

第一,饮食疗法。1.取赤小豆10~15克,陈皮1.5克,粳米30克,加水适量煮粥,分数次食之。对婴儿湿疹治疗有很好的效果。2.玉米须水:玉米须适量煎水,代茶饮之。3.荷叶粥:粳米一两,先以常法煮粥,待粥将熟时取鲜荷叶一张洗净,覆盖粥上,再微煮片刻,揭去荷叶,粥成淡绿色,调匀即可,食时加糖少许,可清暑热、利水湿。4.薏米粥:薏米一两以常法煮粥,米熟后加入淀粉少许再煮片刻,再加入砂糖、桂花少量,调匀后食用,有清热利湿,健脾和中之效。5.银花茶:银花五钱煎水,加糖适量饮用,可清热解毒、消肿痛、除疮毒。

第二，药物治疗。湿疹严重时，患病范围较大，患儿因瘙痒而夜不能睡。可用口服抗敏感药物来帮助止痒，但口服药物只属辅助性质，不能使湿疹治愈。

第三，杀菌处理。细菌会在不正常的皮肤上滋生，尤其是金色葡萄球菌，如果湿疹严重，可能需要同时清除这些细菌，才可治愈。要消除这些细菌，可用杀菌或是湿疹皮肤专用的沐浴露洗澡。

招式71 水果蒸着吃，可以巧治病

水果富含维生素，孩子每天都要适当地摄入，才能保证和均衡身体所需的营养。除了将水果切块、榨汁外，有时可以将水果蒸熟了喂给孩子吃。尽管这样会破坏水果中的维生素C，但是却会收到不同的食疗功效，让孩子尝试全新的口感。

苹果：将苹果蒸熟了，苹果就会具有很好的止泻作用。为什么呢？原来苹果中果胶的"立场"不太坚定，未经加热的生果胶可软化大便，与膳食纤维共同起着通便的作用，而煮过的果胶则摇身一变，不仅具有吸收细菌和毒素的作用，而且还有收敛、止泻的功效。做法很简单：将苹果洗净，带皮切成小片，放入小碗中，隔水蒸5分钟即可，稍稍冷却后，就可以喂给孩子吃了。需要注意的是，越接近果皮的地方，果胶含量越丰富，止泻效果更好。

梨：蒸熟了的梨具有清热润肺、止咳化痰的作用，且在蒸的过程中，还可以加入其他的食物或药物，以增强止咳化痰的功效。其中，最常用的要数川贝冰糖梨。具体做法为：取大雪梨1个，切下梨蒂，去掉内核，倒入3克川贝粉和适量冰糖，再覆上梨蒂，放到碗里隔水蒸10分钟，关火待梨温热时把蒸出来的汤喝下，并把梨吃掉，每日1次，有很好的止咳作用。需要特别提醒的是，川贝冰糖梨不适合风寒咳嗽者食用。

山楂：孩子食欲不佳，不思饮食的时候，山楂可以派上用场。由于山楂中含有大量的有机酸和果酸等，生吃会对胃有一定的刺激。但蒸熟的山楂，不仅具有健脾开胃、消食化滞的功效，还能活血化痰。具体做法是，将山楂除去核，放在碗里，加入冰糖，放到蒸锅上蒸15分钟即可。蒸出来的山楂色泽鲜明，酸酸甜甜，可增进孩子食欲，帮助孩子消化。

枣：大枣的补中益气、养血安神功效很好，蒸熟的枣相对于生枣更易消

化,脾胃功能比较弱的人可以把大枣放入碗中直接蒸熟后食用。气血亏虚、肝肾不足者,还可以将大枣与枸杞、鸡蛋一起蒸着吃。具体做法为:取红枣5枚、枸杞少许,洗净后用清水浸软,然后将红枣去核;取鸡蛋2枚,加入适量盐打成蛋液,然后加入红枣、枸杞和凉开水,隔水蒸至蛋液凝结即可食用。

产妇头发护理四要点

有人说产妇不能洗头和梳头,那么产妇产后应该如何护理头发呢?作为家政人员,应该掌握一定的产妇头发护理知识,帮助产妇在产褥期护理好头发。

要点一:多做健发食物给产妇吃。为了达到健发目的,产妇的饮食应以含维生素A和铁质的食物为主,还有维生素B、维生素F,以及碘、铜等矿物质都是必需的,含有这类成分的食物有奶制品、黄绿色的蔬菜、肝脏、蛋黄、海带等。

要点二:清洁洗发。产妇在产前产后都应像平时一样沐浴、洗发。洗头不仅可起到按摩作用,加速血液循环,保持头发的生长规律,还可以疏通毛孔,防止脂溢性脱发。

要点三:不要让产妇用电吹风。因这种行为可使头发所含的水分降低,令发丝变得粗糙、分叉。最好自然晾干。

要点四:鼓励产妇保持愉快的心情。保持愉快心情是秀发恢复靓丽的法宝,尤其在出现了产后脱发的情况时。首先,产后脱发是正常现象,不能精神紧张,因为紧张的情绪只能加重脱发的程度。要认识到产后脱发是进行新陈代谢的一个暂时的过程;其次,常用木梳梳头和用手指在头皮上进行按摩,有助于头部血液循环,从而加速新发的生长。再其次,为了梳理方便和避免扯掉过多的未脱落的头发。洗发时应在淋浴下顺着头发的生长方向轻轻梳洗,不要全部拢到前面或由枕后向前额用力搓洗。

第五章
10招教你孩童老人护理
shihaojiaonihaitonglaorenhuli

第一节　5招教你护理孩童
第二节　5招教你护理老人

99招让你成为
jiazhengfuwunengshou

简单基础知识介绍

"老吾老以及人之老,幼吾幼以及人之幼。"尊老爱幼是中华民族千百年来的传统美德,也是一种普遍的社会要求。在日常生活中,我们每个人都有接近他人、避免孤独的倾向,没有人愿意独自一人,与外界不相往来的,与他人的交往、交流是必要的。作为古稀、耄耋之年的老人家,更不愿意孤独终老,更渴望得到关爱。而像小树苗一样茁壮成长的孩童也更需要无微不至的关爱。在目前的社会现实中,"上有老、下有小"的中年一代,为了让家人的生活舒适安逸,选择了在事业上积极打拼,将自己的大部分时间都给了办公室,留在了出差途中,都留在了与客户的业务交往中,而留给父母和孩子的时间,所剩无几。作为家政服务人员,从被雇主请来的第一天起,就应该清楚自己照顾老人及孩童的责任和担子,用一个乐观积极的心态投入到这项工作中去。

行家出招

第一节 5招教你护理孩童

照顾孩子,往往是许多家庭请家政服务人员上门服务的初衷。很多父母生活节奏快,工作压力大,往往没有充足的时间照顾孩子。如果家里的老人年龄不大,身体健康,还可以帮着带带孩子。但是,碰上父母年迈,自己都需要有人来照顾,就只能请家政服务人员帮忙带孩子了,这是社会生活的现实。当照料孩子的重任很自然地落在了家政服务人员身上时,我们就要充分意识到自己身上的担子,用一颗仁慈和关爱之心投入到照料孩子的工作中去,最大限度地为雇主解除烦忧和困难,让他们从心底里认可你,感谢你。

招式 72　照顾孩子,家政服务人员应具备的素质

第一,家政服务人员要有责任心。养育孩子的工作是一件复杂的、细致的、琐碎的工作,是不能疏忽大意的。特别是婴幼儿时期是身心发育的重要时期,这个时期孩子生长发育的好坏,对其一生影响很大;况且孩子对疾病的抵抗力又弱,对外界环境的适应力比较差,因此保护和增强孩子健康极为重要。这就需要家政服务人员从孩子生活的每个环节上,都要认真、细心和负责,特别是小孩子还不懂得什么是危险,常常会出现意外事故,如果稍有疏忽,就会影响其健康甚至带来严重后果。

第二,家政服务人员要具有良好的心理素质,要积极乐观地对待生活,活泼开朗,使孩子感受到阳光和快乐。要自信,不卑不亢,动作和语言的逻辑性强,具有良好的行为习惯。这些都能潜移默化地影响孩子。

第三,家政服务人员要学会合理搭配饮食,根据孩子的日常需要和营养需求,给孩子提供科学的饮食。菜式、饭、汤、水果的种类要力求多样,味道要适宜孩子口味,做到可口、色香味俱全,让孩子保持对吃饭的欲望和兴趣,不能千篇一律,重复不变,导致孩子对吃饭失去新鲜感,失去兴趣。

第四,家政服务人员要掌握一定的教育常识,并在和孩子交流、相处的过程中,能随时运用。要善于了解孩子的小心思,在待人接物中教给孩子一些礼貌懂事的做人道理。除了教育常识,家政服务人员如果能有一技之长,比如说唱歌、绘画、手工等就更好了,这样不仅能让淘气的孩子安静下来,大大减少意外的发生,还能潜移默化影响孩子。此外,孩子的语言模仿能力超强,这就要求家政服务人员会说标准的普通话,不能用家乡方言教孩子念儿歌、讲童话或儿童故事,影响孩子的正确发音。

第五,要掌握一定的护理常识。当孩子身体不适或患疾病的时候,要及时做好家庭护理,有效避免病情进一步发展。要掌握常见病如感冒、发烧、咳嗽、烫伤、湿疹、痱子等的应急处理方法,帮助孩子减轻症状和痛苦。

第六,要有良好的卫生习惯。孩子对外界事物反应敏感,模仿能力强,家政人员要有良好的卫生习惯,勤洗手、勤洗澡、勤换衣,梳洗穿戴整洁,在孩子心里树立一个良好的形象,赢得孩子的喜欢。绝不能蓬头垢面,邋里邋遢,不讲究个人卫生,招来孩子的嫌恶。

招式 73 如何教孩子科学地吃零食

电视上、超市里琳琅满目的零食无时无刻不在诱惑着孩子们。的确,成长中的孩子,在三餐之外适当吃点零食,可补充能量和营养素,缓解饥饿感,又可得到美味的享受。研究表明:在三餐之间加吃零食的宝宝,比只吃三餐的同龄宝宝更容易获得营养平衡。因为幼儿的消化系统尚未发育成熟,胃容量较小,因此在两餐之间提供 1~2 次有营养的零食将有助于补充营养素和热量。

当然,前提是要选对零食。要选择含有丰富营养素、低糖、低能量、高膳食纤维的食品。如水果、酸奶、奶片、大枣、猪肉脯、牛肉干、粗纤维饼、新鲜蛋糕、面包等。核桃仁、花生、杏仁等坚果类食品虽含维生素 E 和锌、铁等矿物质,但脂肪含量也多,只能适量吃一些。但要注意,含有过多油脂、糖或盐的食物,如薯条、炸鸡、奶昔、糖果、巧克力、夹心饼干、可乐和各种软饮料等,都不适合作为孩子的零食。

孩子吃零食的时间也是很有讲究的。通常,每天吃零食一般不要超过 3 次,宜安排在饭前 2 小时吃,量以不影响正常食欲为原则。切记孩子的胃不能填太多东西,1~3 岁宝宝胃的容量在 200 毫升左右,一般零食的量应在几十毫升内,否则会影响下一餐的进食。吃零食的量或时间的不适宜都是造成一些宝宝不好好吃饭的最主要的原因。其实,即使是小半个橘子、几片苹果、半个煮鸡蛋、少半罐的酸奶就完全可以作为适当的零食。看电视的时候,最好不要让孩子吃零食,因为孩子很可能在不知不觉中多吃,导致能量摄入过多。3~5 岁的儿童,睡前半小时也要避免零食,以免影响肠胃功能和牙齿健康。

招式 74 孩子被蚊虫咬了怎么办

炎炎夏日,正是蚊虫肆虐之时,人们的肌肤不免遭受蚊虫的叮咬,奇痒难止。宝宝的皮肤娇嫩,被蚊虫叮了后,留着印记好长时间消不了,时常会引起皮炎,使得宝宝烦躁、抓挠、哭闹。应该怎样对付那些被蚊虫叮咬过的小红疙瘩呢?下面介绍几种止痒方法。

第一,外涂复方炉甘石洗剂,或有消炎、止痒、镇痛作用的无极膏,通常3~5天后,皮肤红包会自动消失。

第二,扑尔敏止痒。在一片扑尔敏上蘸上唾液,反复涂擦叮咬处,止痒效果很好。

第三,用西瓜皮反复擦拭蚊虫叮咬处,即可止痒。

第四,取少量藿香正气水,涂抹于被叮咬处,半小时左右,瘙痒即可减轻或消除。

第五,六神丸消炎止痒。取六神丸10粒,研末后用米醋或温开水调成糊状,涂在蚊虫叮咬处,每日3~5次。一般用药1~2天后,红肿减轻,痛痒感消失。

第六,取一两片阿司匹林,碾成粉末,用凉水调成糊状,涂抹于患处,也可减轻或消除瘙痒。鲜马齿苋茎叶消肿。鲜马齿苋茎叶少许,在手里揉搓出水后,涂擦患处,具有止痒消肿效果。

第七,仙人掌汁、芦荟汁都可以起到消炎、消肿、止痒的作用。

第八,喝粥的时候,不妨等上几分钟,等粥的表面凝成了一层薄膜后,将其涂在蚊虫叮咬处,亦可止痒。

当孩子被蚊虫叮咬后起包块,除了使用上述止痒方法外,还要注意不能随意给孩子抹风油精、花露水之类的东西,这些东西效果不好,还有可能被宝宝弄进眼睛和嘴里;平时要洗净孩子的手,剪短孩子的指甲,避免搔抓引发感染;对于叮咬局部红肿较重或被叮咬的部位抓破有破溃、流水感染的孩子,应该及时到医院诊治。

招式75 怎样处理孩子的皮外伤

夏天到了,孩子穿的少了,但好动活泼的他们往往会受到皮外伤。遇到这些情况,家政服务人员应该如何处理,如何应对呢?在设法安慰孩子,使其保持冷静的同时,要学会检查伤口,作出适当的伤口处理。

第一,假如孩子的膝部和肘部被擦伤,并轻度出血,首先要用清水轻轻冲洗受伤部位,并使用性质温和的肥皂清除污垢和伤口残骸,家里有碘伏的话,可以用碘伏消毒,不要使用酒精或者碘酒,因为会产生刺痛。可以用创可贴暂时贴住伤口止血,如果几分钟后仍不能将伤口冲洗干净,或者出血不止、有充血、肿胀、化脓等感染迹象，就要及时去看医生。

第二，如果皮肤伤口出血或者有深度的切口，就要先止血，可以采用无菌纱布按压住伤口将血止住，然后用肥皂和清水清洗伤口，涂抹抗生素软膏，用创可贴遮盖伤口。

第三，假如有木屑、玻璃碎片、残渣等异物滞留在皮肤中，就要用无菌镊子小心地将伤口里的异物取出来，随后用清水清洗伤口，然后涂抹抗生素软膏。如果异物嵌入比较深，自己在家无法把它弄出来，要带孩子去医院处置。如果异物比较粗大，一定不要自己拔出来，也不要直接按压伤口，要马上带着孩子去医院，由医生来作适当的处置。

第四，如果孩子不慎被扎伤，皮肤出现一个小而深的洞，且有轻微出血，就要马上用肥皂和温度适中的清水进行清洗。这种伤口小而深，细菌不容易被冲走，最容易感染，因此，没有打过百白破疫苗的，必要的时候还要接种破伤风疫苗。

第五，若孩子身体出现瘀伤，就要在创伤发生 24 小时内，用冰袋冷敷患处，每 15 分钟一次。如果孩子瘀伤比较严重，或者出现持续疼痛，可以带去看医生，并在医生的指导下给孩子服用解热镇痛药。

招式 76　遇上孩子任性该怎么办

现在的孩子个个都是"小皇帝"，常常会很任性，向家长或保姆提出很多不合理的要求，满足了还好，皆大欢喜。一旦没满足，就会发生很多意想不到的事情，比如说躺在地上哭闹、动手打人，甚至会出现摔东西等破坏行为，令家人很是苦恼。作为家政服务人员，遇上了任性的孩子，就要讲究技巧，适当采取一些办法，纠正孩子的任性行为。

首先，要提示在先。任何孩子的行为都可以找到一些基本的规律，多数异常情况都发生在有特殊需求时。掌握了孩子任性的规律后，就可以用事先"约定"的办法来预防任性的发作。比如带孩子去小区里玩耍，孩子总是哭闹着让人抱，我们就可以在出门之前就与孩子说好："今天不要我抱，你自己走，实在累了，可以休息一会儿再走，不然就不再带你出去了。"再有就是上超市买东西时，一般先和孩子说好买什么东西，而不是孩子要什么就随便买什么，最好根据实际需要以及孩子的愿望买合适的东西，而不是完全满足孩子的欲望,要让孩子懂得克制自己。

其次,对孩子的要求冷处理。当孩子由于要求没有得到满足而发脾气或打滚撒泼时,先不要去理睬他,不要在孩子面前表露出心疼、怜悯或迁就,更不能和他讨价还价。可以采取躲避的方法,暂时离开他。当无人理睬时,孩子自己会感到无趣而作出让步。这种"冷处理"的方法往往比较有效。

再其次,转移注意力。这种方法适用于年龄较小的孩子,可以利用孩子注意力易分散、易被新鲜东西吸引的心理特点,把孩子的注意力从其坚持的事情上转移到其他有趣的物品或事情上。

最后,要采取适当的惩罚和奖励。对于年龄小的孩子,只靠正面教育是不够的,适当的惩罚也是一种极为有效的教育手段。如孩子任性不好好吃饭,我们不用多费唇舌,过了吃饭时间就把食物全部收走。不用担心饿坏孩子,一顿两顿不吃对孩子的生长发育不会有影响。在行为干预过程中,对孩子表现比较好的方面,进行适当的奖励,如拥抱、口头表扬、物质奖励等,但需要注意的是物质奖励不要过多、过大,否则很快就会失效。

第二节 5招教你护理老人

作为家政服务人员,如果你接受的是一项护理老人的工作,那就要特别注意培训护理老人的知识了。你要在充分了解老年人的身体特征和心理特征的基础上,学习和老人沟通相处的艺术,掌握合理搭配老人饮食的技巧,懂得对患各种疾病的老人的护理知识,学会积极应变各种突发事件和紧急情况,让老年人在你的陪护下开心快乐地生活。

招式77 如何护理老年人

老年人能否健康长寿,与家庭基础护理有很大的关系。作为家政服务人员,要了解老年人的身体状况,及时对其身体上产生的不适作出快速的反应。具体要注意以下几点:

第一,为老年人创造良好安静的休息环境。老年人身体素质较差,免疫能力较弱,所以在护理过程中要注意周围环境是否适宜老人。家庭室内温度以18°~20℃为宜,室内最佳湿度应该是50%~60%左右,居室的采光要良好,最好保持安静。另外,最重要的是要保持通风,要经常开窗通风,使空气流通,把病菌排出室外。每次通风应不少于30分钟。

第二,对老人的日常使用器具要进行消毒。老人的身体免疫能力差,所以要对他们的日常使用器具进行消毒,不然很有可能感染细菌病毒而造成疾病。消毒有日晒法、煮沸法、浸泡法、擦拭法等。对于特殊的物品要用特殊的手段销毁,如老人的呕吐物、排泄物可撒一倍的石灰搅拌,2小时后再倒入厕所;肺结核老人的痰,可吐在纸盒或包在纸内烧掉。

第三,辅助老人进行适量运动。适量的运动不仅能增强老人的身体素质,提高免疫力,同时也能给老人带来好心情。一个优秀的家政服务人员,不管是陪护还是保姆,都不应该认为这些不是自己分内的事,对此漠不关心,而是应该积极协助老人进行健身运动。运动量要适宜,强度不宜过大,时间不宜过长。早晨起床时可以让老人躺在床上,伸展四肢,以双手互相揉搓,活动指关节,然后进行"干洗脸"动作20~30次。这些动作使老年人适应从睡眠到觉醒过程的生理变化,使身体有一个相对过渡的阶段,不致因突然起床头晕而摔倒,也可使呼吸、心跳的频率逐步改变,避免心脏病的复发。有条件的老年人在睡前洗个盆浴,能使全身的血管扩张,肌肉松弛,头部血液供应相对减少,利于入睡。那些身体不便或无盆浴条件的老年人,用温热水泡泡脚,对促进健康和睡眠也是十分有益的。

招式78 与老人沟通的技巧

人步入老年,生理上会发生很大的变化,身体机能会逐渐衰退,在形态上,身高、体重、脂肪、牙齿、皮肤、骨骼都会发生改变,呈现缩小、减轻、松动、松弛、疏松等特征;在身体功能上,对环境的适应力会有所减弱,记忆力明显衰退,反应性减低;在器官系统上,容易出现神经系统、呼吸系统、心血管系统、消化系统和泌尿系统的疾病,易患糖尿病、关节炎、眼疾、大小便失禁、冠心病、脑血管病、老人痴呆症、帕金逊症等病;在心理上,老人退休后,角色发生重大的改变,生活圈子变了,生活目标有了转移,儿女又都忙于事业疏于对老人的陪伴,老人容易出现失落、孤独、无能、焦虑之感。这诸多方面的因素往往使得长者的生活发生很大的变化,家政服务人员若想和老人和睦相处,就要了解和掌握老人的身体和心理状态,注意沟通态度和技巧,成为老年人的朋友,真正成为老人的生活帮手。

那么,跟老人沟通,到底需要哪些技巧呢?我们知道,沟通是一个过程,可使两个人互相了解,透过传达及接收资料讯息,给予及接受对方的指示,互相教导,互相学习,是一个双向的过程。沟通不局限于利用语言,还有手势、动作,都能表达出事实、感觉和意念。因此,沟通时需要注意以下几个方面。

第一,沟通之前设身处地从老人的角度去看和感受事物,并且正确地传达自己的想法,使其觉得能被了解和接受,这是给老人的最大支持。

第二,老人有时会心存偏见与误解,或自视过高,轻视别人,或过分保护自己,以自我为中心,因此要用坦诚的态度与对方交往,使他们感受到一种真挚的关心。

第三,由于缺乏安全感,老人往往希望得到别人的关怀和接纳,因此需以爱心及体谅去接纳他们。

第四,要给老人足够的尊重,增强其自尊心,让其感受到自己并非老来无用,而是依然有价值,有份量。

第五,要积极主动地接触他们,使他们感受到你对他们的关心。

第六,老人容易喜怒无常,伤心、喜乐、悲痛全部表现在脸上,在服务过程中要有耐心,对老人所诉的不愉快生活经验,要懂得耐心倾听和合理处理。

下面具体说一下和老人交谈的技巧。

一、位置:不要让老人抬起头或远距离跟你说话,那样老人会感觉你高高在上和难以亲近,应该近距离弯下腰去与老人交谈,老人才会觉得你重视他。

二、眼神:你的眼睛要注视对方的眼睛,你的视线不要游走不定,让老人觉得你不关注他。

三、语言:说话的速度要相对慢些,语调要适中,在说话的过程中细心查看老人的表情和反应,从而去判断他们的需要。对于只会说方言的老人,最好能跟老人说方言,从而无形中降低双方的陌生感,增添亲近感。

四、熟悉情况:要了解老人的脾气和喜好,可以事先打听或在日常的接触中进一步慢慢了解。

五、话题选择:要选择老人喜爱的话题,如家乡、亲人、年轻时的事、电视节目等,避免提及老人不喜欢的话题。也可以先多说一下你自己,让老人信任你后再展开别的话题。

六、真诚的赞赏:人都渴望自己被肯定,老人家就像小朋友一样,喜欢表扬、夸奖,所以,你要真诚、慷慨地多赞美他,他就高兴,那谈话的气氛就会活跃很多。

七、应变能力:万一有事谈得不如意或老人情绪有变时,尽量不要劝说,先用手轻拍对方的手或肩膀作安慰,稳定情绪,然后尽快扯开话题。

只要真情投入,真心相待,家政服务人员和老人之间就会架起一座沟通的桥梁,老人能在热心体贴的服务中感受到别人的关爱,家政服务人员也能汲取老人们的生活经验,获益良多。

招式79 如何合理搭配老人的饮食

由于老年人的各种组织功能在日益衰退,消化代谢功能逐渐降低,因此,在饮食上要特别注意,经不得暴饮暴食,那样不但会破坏饮食平衡,还会加重肠胃负担,引起消化不良,甚至会引发心绞痛或心肌梗死。那么,如何合理搭配老人的饮食,让老人摄入充足的营养和身体所需的维生素,维持身体机能的正常运转呢?这是作为照顾老人的家政人员的必修课。

第一,对碳水化合物、脂肪的摄入量要进行控制。老人的食谱上要适当减少米面的食用量,要减少高脂肪、高蛋白的食物,这些对心和肝不利。一般的老年人每天只需摄入100克瘦猪肉和20克植物油就能够满足对脂肪的需求,避免肥肉、动物油脂的摄入。另外,甜点糕饼类的油脂含量也很高,尽量不要让老人家吃这一类的高脂肪零食。最好是玉米油、葵花子油、橄榄油、花生油等轮流换着吃,这样比较能均衡摄取各种脂肪酸。

第二,要注意蛋白质和维生素的补充,要多吃豆类、乳类、鱼类、蛋类和瘦肉类食品。老年人的饮食内容里,每餐正餐至少要包含170克质量好的蛋白质,素食者要由豆类及各种坚果类食物中获取优质蛋白质。另外还要补充铁质,多吃油菜、西红柿、桃、杏等维生素、纤维素含量高的蔬菜和水果。

第三,烹调时可以将主食和蔬菜混在一起。为了方便老年人咀嚼,尽量挑选质地比较软的蔬菜,像西红柿、丝瓜、冬瓜、南瓜、茄子及绿叶菜的嫩叶等,切成小丁块或是刨成细丝后再烹调。如果老人家平常以稀饭或汤面作为主食,每次可以加入1~2种蔬菜一起煮,以确保他们每天至少吃到500克的蔬菜。

第四,要多给老人家准备各种各样的水果,满足老年人身体对各类维生素的需求。一些质地软的水果，如香蕉、西瓜、水蜜桃、木瓜、芒果、猕猴桃等都很适合老年人食用。可以把水果切成薄片或是以汤匙刮成水果泥食用。如果要打成果汁，必须注意控制分量，打汁时可以加些水稀释。

第五，善用调味方法，尽量在饭菜里少加盐、味精和酱油。味觉不敏感的老年人吃东西时常觉得索然无味，食物一端上来就猛加盐，很容易吃进过量的钠，埋下高血压的隐患。可以多利用一些具有浓烈味道的蔬菜，例如香菜、香菇和葱，可以用来炒蛋或是煮汤、煮粥。利用白醋、水果醋、柠檬汁、橙汁或是菠萝等各种果酸味变化食物的味道。一些中药材，尤其像气味浓厚的当归、肉桂、五香、八角或者香甜的枸杞、红枣等取代盐或酱油，丰富的味道能勾起老年人的食欲。

第六，尽管辛辣的香料能够引起人的食欲，但是老年人吃多了这类食物，容易造成体内水分和电解质的不平衡，容易出现口干舌燥、火气大和睡不好等症状，所以应该少吃为宜，尽量不要将这些辛辣香料放入老人的食物中。

第七，在老年人的饮食中，海带是不可欠缺的。海带是一种深褐色的海藻植物。海带本身的营养特别丰富，不但含有大量的碘元素，而且还含有钙、磷、铁、蛋白质、脂肪、碳水化合物、矿物质和纤维素等人体不可缺少的营养成分。老年人经常食用海带能增加人体的肠道蠕动，能有效地防治老年性便秘。海带还可以降血压，治疗消化不良和排尿不畅，对老年人的祛病健身、延年益寿有很好的保健效果。

第八，花生、芝麻、核桃是老年人不可缺少的补脑护脑的三大营养食品，老年人要多吃。花生含有儿茶素，芝麻含有维生素E，核桃含有磷、铁、锌等矿物质，对于老年人的头昏无力、记忆力衰退等症有一定的疗效，而且还能减缓老年人的大脑功能衰退。

第九，通常情况下，老年人的咀嚼和吞咽能力往往都比较低下，每顿饭吃不了多少东西，但进食的时间往往拖得很长。为了让老年人每天都能摄取足够的热量及营养，不妨让老年人一天分5~6餐进食，在三次正餐之间另外准备一些简单的点心，像是低脂牛奶泡饼干、营养麦片、低脂牛奶燕麦片，或豆花、豆浆加蛋等都是不错的选择，也可以将切成小块的水果拌酸奶食用。

第十，白天多补充水分。很多老人往往担心尿失禁或夜间频繁跑厕所，就一整天都不怎么喝水。其实，这种做法是不利于健康的。作为家政服务人员，在做好老人营养餐的同时，也应该鼓励老人在白天多喝开水，也可泡一些花草茶变换口味，但是要少喝含糖饮料。晚餐之后，减少摄取水分，这样就可以避免夜间上厕所，影响睡眠了。

招式80 怎样照顾患糖尿病的老人

糖尿病是老年人多发病之一，其病因是由于胰岛素作用不足而引发糖代谢、蛋白代谢、脂质代谢等异常，导致血糖值的上升。现在，有糖尿病老人的家庭也愈来愈多，管理糖尿病病人的秘诀在于维持良好的控制状况，要做到养成正确良好的饮食习惯；要进行适当的运动，还要陪老人进行定期检查，以防病情恶化。

第一，食物的量：要掌握一天食物的总摄取量，不可偏食，就算老人不喜欢吃的食物也要强迫其接受，碰上固执老人，就要像哄小孩一样，催其进食。

第二，饮食搭配要做到全面而营养均衡：主食中的米要用糙米代替，老人的牙齿多半都不好，饭食宜煮得软一些，老人吃得下才真正有效果；砂糖在身体中会被迅速吸收，造成血糖值急速的上升，所以是糖尿病患者的禁忌，不能给患病老人进食。

第三，脂肪的摄取：动物性脂肪会造成身体心血管毛病，植物性的脂肪优于动物性的脂肪，因此要给老人多吃植物性脂肪；要让老人摄取足量的维生素和矿物质，鼓励他们多吃青菜，多吃水果，但太甜的水果应尽量少吃；要给他们多吃一些海藻、五谷、豆类和坚果类的食物，以达到营养均衡。

第四，细嚼慢咽：细嚼慢咽可以保护胃肠，同时在咀嚼中由口腔所产生的消化酶可以帮助食物的消化吸收，因此，要多鼓励患病老人细嚼慢咽。

第五，适当运动：每天坚持运动才能增强身体细胞功能，要多陪老人进行运动，可从温和的散步开始，再慢慢选择游泳、气功等。

招式81 如何护理"中风"老人

中风病是众所周知的危害广大老年人的多发病和常见病，其发病突然、表现复杂、致残率高。最常见的症状就是病人出现不同程度的语言、运动、感觉功能障碍，给无数的患者和家庭带来巨大的痛苦和沉重的负担。护理这些生活不能自理的"中风"老人，要做到细心呵护，入微照料。

第一，要从言语上对老人进行劝说，鼓励患病老人树立生活的信心，可介绍中风病人康复的实例，向病人介绍病情的发展及需注意的问题，帮助老人赶走死亡的恐惧。在照料其生活起居，关心其病痛的过程中，不能流露出丝毫不耐烦的情绪，以免伤害病人的感情。

第二，要鼓励他们积极锻炼四肢，以免肌肉和神经发生萎缩。要经常按摩各个关节和肌肉，防止关节僵硬和肌肉萎缩，等到肢体可以主动活动时，就要鼓励老人经常坐在床上或椅子上，用脚蹬床档或踩地面，或手里转动核桃、健身球等。

第三，语言康复训练应尽早开始。由于老人"中风"后不能用言语表达自己的需要和病痛，往往容易急躁。所以，要细心观察病情，主动了解老人的需要，如大小便、吃饭、喝水等，不能对老人有丝毫的嘲笑。要根据不同的失语类型采用不同的训练方法。运动性失语能理解别人的话语，却不能表达自己的意思，较为多见。对它的康复锻炼应从简单到复杂，从"不""喝""吃""渴"等单音字到"不行""喝水""吃饭"等单词，会说的词汇多了，再练习简单的语句，家政服务人员说上半句，老人接下半句，慢慢过渡到说整句话；熟练后再训练复杂的句子，然后再让老人读简单的文章。训练方法可灵活多变，如看图说话、复述句子、指物说字、指字说字等等。若病人为感觉性失语，病人有说话能力，但不能理解别人的话意，可以在训练中反复使语言与视觉结合，如给病人盛好饭，告诉他"吃饭"；反复将手势与语言结合，如让病人"洗脸"，并用手做洗脸的动作，慢慢地病人就会把语言与表达的意思联系起来。若病人为命名性失语，即看到实物而叫不出名字，可用生活中常用的物品给他看，并说出名称和用途；训练应从易到难，从常见的物品如"桌子""钥匙""笔""碗"等开始，到较少见的物品；同时还要注意反复强化已掌握的词汇。对失语病人一定要有耐心，不能因其领会慢而冷落；要不断与他说话，鼓励他自己多练习说话。

第四，要预防褥疮。老人"中风"瘫痪后，翻身不便，往往由于骨头突出部位和床褥相压而使皮肤发生坏死性溃疡，因而要勤翻身。一般应每两小时翻一次身，翻身后用酒精或滑石粉轻轻按摩骨头凸出部位，以利于血液流通；用气垫或泡沫塑料垫在骨凸部位，可减轻压力。另外，还要经常为老人擦洗皮肤，在皱褶处、会阴区和臀部扑些痱子粉，以保持清洁、干燥。一旦出现褥疮，可用大灯泡烤干患部，涂抹紫药水，或撒中药生肌散，并压迫疮面。

第五，要给老人供给易消化而富有营养的食物。"中风"老人长期卧床，食欲不好，体力活动显著减少，胃肠道蠕动相对减弱，消化吸收功能降低，易发生便秘,应吃些蛋羹、豆浆、牛奶、藕粉、米粥、水饺、鸡汤、细面条等易嚼、易消化而富有营养的食物。在给老人喂饭时要有耐心,咽下一口再喂一口,切不可过急,以免发生吸入性肺炎。此外,要给老人补充充足的水分,预防便秘及泌尿系统感染的发生。食谱举例:早餐:枣粥、炒鸡蛋、拌黄瓜丝;加餐:香蕉一根。午餐:软米饭、肉丝汤面加菜、炒绿豆芽;加餐:橘汁200毫升。晚餐:发面蒸饼、小米粥、肉末炒芹菜丁。

第六,瘫痪老人有时会不习惯于卧位排尿,出现排尿困难,出现这种情况时可用手轻轻按摩下腹,或用热水袋敷下腹,会收到一定效果。"中风"老人在恢复期死亡的原因约60%是肺炎。所以,注意室内通风,适时增减衣服、做好保暖,防止发生感冒。

总之,照顾"中风"的老人就要像照顾自己的孩子一样细心呵护。如果"中风"的老人能得到细心照料,多数人可在一年内康复。

温馨提示

如何帮助老年人安全过冬

冬天,气候寒冷干燥,会给老年人的生理和心理带来诸多不良的影响,稍不注意便会引起旧病复发或诱发新病,特别是一些呼吸道疾病,如慢性支气管炎、肺气肿、支气管哮喘等。加之在冬季老年人的抗病能力低下而易患感冒、流感等疾病,一旦患了感冒又会并发肺炎,还可诱发心绞痛、心肌梗塞等。因此,许多老年人害怕过冬天,使得一到冬季就背负了沉重的心理负担。

冬季并不可怕,家政服务人员要令老年人注意适应冬季气候特点,让其重视自我保健,就能平平安安地过冬天。为了帮助老年人平安地度过冬季,家政服务人员要提醒老年人做到以下几点:

第一,保暖防寒是最重要的。冬季气温较低,为了抵御寒冷,机体调节功能也在发生着显著变化,比如皮下脂肪增多、毛细血管收缩、汗液分泌减少,组织代谢加强等,而老年人由于主要脏器逐步老化且功能减退,皮肤松弛、皮下脂肪减少机体代谢功能低下,适应性和抵抗能力较差,抗寒及抗病能力都明显地低于青年人。因此,当寒潮或强冷空气袭来时,老年人患高血压、中风的几率明显增高,也容易得心血管疾病,产生心绞痛、心梗、心力衰竭等。而且严寒还是伤风感冒、支气管炎、冠心病、肺气肿、哮喘的重要诱因,因此,家政服务人员要提醒老年人随时注意防寒保暖,根据天气的变化及时给老年人增添衣裤,避免老人着凉,患病。

　　第二,饮食调理也很重要。在冬季,老年人的日常膳食应以"温""补"为主,宜吃一些高热量、高蛋白的食品。家政服务人员要合理安排老人的一日三餐,做到荤素夹杂,以增加营养、增强御寒能力。要避免或少吃凉食、刺激性食物和一些油性大不易消化的食物。

　　第三,还要注意讲究心理卫生。因为许多疾病的发生、发展和恶化,与人的心理状态密切相关,而冬季则是自然界阴盛阳衰之季,所以老年人应该避免忧郁、焦虑、紧张等不良因素的刺激,经常保持情绪乐观、精神愉快,科学安排生活,注意劳逸结合,防止过度疲劳,使意志安宁、心境恬静。另外,要保证有充足的睡眠。一般老年人应保持 8～10 小时的睡眠时间并应午睡,睡觉前不要过于兴奋。

　　第四,不能忽视改善居室环境。在冬季,很多人为了御寒而将门、窗紧闭起来,再加上取暖设施的使用,致使室内的空气干燥、污浊,容易引起呼吸道疾病。因此,在控制室内温度的同时,应注意保持室内整洁、空气流通和湿度调节。

　　第五,取暖也要注意适度。冬季比较好的取暖方法是:室内温度保持在 18～25 度,局部取暖不要超过 10 分钟。

　　第六,还要督促老人多适当进行一些体育锻炼。应该使老人在力所能及的情况下坚持每天锻炼,这对增强体质,防病保健大有裨益。

　　第七,身体不宜洗浴过勤。一般来说,老人冬季以 5～6 天洗浴一次最佳,而且水不宜太热,洗后最好喝一杯热开水。

　　第八,发现有病要尽早治疗。如果老人在冬季有不适如:食欲不佳、发热、咳嗽、胸痛、心悸、气短、疲乏无力等,应及时去找医生诊治,以免延误治疗,使病情加重。

第六章
10招教你养花、喂宠物

shizhaojiaoniyanghua、weichongwu

第一节　5招教你如何养花
第二节　5招教你养好宠物

99招让你成为

简单基础知识介绍

为了增添生活的情趣,释放工作和生活的压力,很多家庭都会育养几盆花卉,喂个宠物什么的,这不仅是人们乐观积极的生活态度的体现,也彰显了人们的情趣和爱心。养花在为居室增添色彩和生命力的同时,能怡情养性,陶冶情操;而养宠物则在人与动物和谐相处的同时,于无形之中提升了人们的生活品位和品质。家政服务人员不妨多学学养花和喂宠物的知识与技能,在提升自身素质的同时,也能为雇主家提供更好的服务。

行家出招

第一节 5招教你如何养花

招式82 如何给花浇水

家庭养花的最主要的管理工作就是浇水。想要养好花就要掌握正确的浇水方式,因为水是植物的重要组成成分与生理活动不可缺少的主要物质。

总的来说,给花浇水常用一个方法:时干时湿,不干不浇,一干即浇,要浇透。时干时湿,就是说要土壤时干时湿。既保证花木供水,又使盆土透气,保护根系发育。干的表现是盆土上层干燥,底土尚有潮气,植株生长正常或叶片中午出现短暂萎蔫。开花植物缺水首先表现花瓣的萎蔫。发现叶与花出现失水现象,必须立即补充水分,以恢复生机;浇水要浇透的意思,是指浇水量要见到盆底有水渗出,如果土壤上湿下干的半腰水是盆花管理大忌,会造成植物因根部缺水而死亡,因为断过水的植物,再浇水也很难起死回生。

除了这一总体原则外,对各种花卉的浇水量也要遵循一个原则,那就是草本多浇,木本少浇;喜潮花多浇,喜旱花少浇;叶大质软的多浇,叶小的要少浇;在生长旺期应该多浇,进入休眠期要少浇;苗大盆小多浇,苗小盆大少浇;阳台多浇,庭院少浇;夏天多浇,冬天少浇;晴干多浇,阴天少浇;孕蕾多浇,开花少浇。夏季宜清晨与傍晚浇水,冬季应在中午前后浇水。

不同品种的盆栽花卉要讲究不同的浇水方法。多数要避开当头淋浇。大岩桐、非洲紫罗兰等花叶被淋水后,会引起花、叶的腐烂。而凤梨类花卉则相反,喜好当头浇水,在叶筒内贮存蓄水,以满足生长的需要。兰花、竹芋类的花卉除适当浇水外,还要求喷水,以提高栽培环境内的空气湿度。适合室内养植的观叶植物,根据原产地生育特点的不同,对水分的要求也有较大的差异。龟背竹、春羽、马蹄莲等天南星科植物与蕨类植物,旱伞草等属于湿生类花卉,浇水应掌握"宁湿不干",但也不要积水。虎尾兰、芦荟、景天等多肉植物,与仙人掌类植物为旱生类花卉,浇水要掌握"宁干勿湿",以防止水分过多而烂根。其他如文竹、铁树、秋海棠等大多数植物,属于中生型花卉,土壤水分过干或过湿都有不良反应,浇水可掌握"间干间湿"的原则。

根据经验,下面介绍几种浇花的好方法。

第一,残茶浇花。用残茶来浇花,不仅能够保持土壤里的水分,还能给植物增添氮等生长所需的养料。但具体应该视花盆的湿度情况而定,讲求定期有分寸地浇,而不能一有残茶就拿来浇花。

第二,过期变质奶浇花。当买来的牛奶忘了及时喝而过期变质后,可以废物利用,加水稀释后用来浇花,这样的牛奶水对花儿的生长大有益处。不过要记住多兑一些水,使之稀释得好才有好的效果。未发酵的牛奶是不宜浇花的,因为其发酵时会产生大量的热量,会"烧"根,使盆土发硬板结。

第三,凉开水浇花。用凉开水来浇花,很有好处,不但可以使花长得叶子繁茂,花朵艳丽,还能促使其早点开花,多开些花。如果用凉开水来浇文竹的话,能使文竹的枝叶横向发展,长得矮却生得密,形成好看的形状。

第四,温水浇花。因为冬季天冷水凉,如果用温水浇花对花的生长非常有好处。最好将水放在室内,等水温同室温相近时再浇。而如果能使水温达到35℃时再去浇,则更好。

第五,淘米水浇花。淘米水浇兰花等花卉对花卉的生长非常有好处,可使其花色鲜艳和枝叶茂盛。

招式83 如何给花卉防虫治病

家庭养花多以盆花为主,栽培的花卉品种多,因而发生的虫害种类也不一样。常见的主要虫害有蚜虫、介壳虫、粉虱、蜗牛、红蜘蛛等害虫。对付这些害虫,如果采用一般的化学农药毒性较高,容易污染环境,对人体造成伤害。最好以人工捕捉,也可用一些自制杀虫剂,采用浇灌或喷洒的方法进行防治。下面介绍几种易于采用、成本低、污染小的防治病虫害方法,以供家政服务人员借鉴。

第一,用草木灰1000克对水5公斤,浸泡一昼夜滤去杂质后,用滤清液喷洒受害的植株,可有效地杀死蚜虫。

第二,庭院花木容易受到吉丁虫、天牛、木蠹蛾等害虫危害,当遇到这种情况时,可在幼虫孵化期、成虫羽化前、幼虫越冬时,从虫道上孔注射20%氨水20至30毫升,再用黏土或蜡密封30至40分钟,即可杀死幼虫或蛹。

第三,当发现木本花卉的主干腐烂时,可刮除干净腐烂部分,深度达木质部,而后涂抹碘酒,隔7至10天再涂抹一次,不仅可彻底治愈,且时间一长,主干斑瘤突出,愈显出苍古奇特,特有艺术感。

第四,用1份白酒和5份清水兑制后,涂抹于被介壳虫、蚜虫损害的部位,1周1次,连续3至4次便可杀死害虫。

第五,用大蒜、洋葱、烟丝、烟蒂、橘皮等也可有效杀虫。将烟丝、烟蒂、橘皮加10倍水,浸泡一昼夜后滤去残渣,喷于花叶的背面,能够有效地杀死蚜虫、红蜘蛛和落叶虫。将捣烂的大蒜、大葱或洋葱加水20倍稀释成液体,喷洒在花叶上,能有效杀死害虫。

招式 84 花盆里的土又干又硬,该怎么办

养花的人,大概都会遇到过这样的情况:花盆里的土变得生硬板结,不利于花卉的生长,即便浇水渗透也无济于事。该如何改善这种状况,恢复盆土的原来模样呢?这里面有的是学问。首先我们要弄明白盆土发生板结的原因。一般而言,造成盆土板结的原因是浇花用的水钙、镁离子较多(硬度较大),不溶于水的化合物在盆土中聚集,使盆土发硬、板结;还有一个原因是使用化肥不当,例如含钙质较多的土壤,施用硫酸铵就会使盆土板结。此外还有人喜欢用豆浆、牛奶、鸡蛋清浇花,这种未经发酵的蛋白质,不能被植物吸收,也是造成土壤板结的原因。找到了原因,我们就要对症解决。除了换掉碱性化的老土,加入新鲜的基质之外,可以采用下面几种方法。

第一,可在花卉上盆时,在盆中插几根空心的管子,然后在其周围填土压实。再将粗沙灌入管子内,上端与土面齐平。最后轻轻拔出空管,盆中即形成沙柱。以后在浇水时,水只通过沙柱向四周扩散,这样就防止了土壤板结,无不良副作用。

第二,也可在盆中掺拌适量清水洗净的粗砂和含有腐质物的清毒土壤,就可使盆土质地松软。

第三,经常给盆花浇凉开水,特别是在生长季节,可尽量多浇些,也可起到淋洗盐碱的作用,从而使土质松软。

第四,按 1∶50 的比例将醋和阳光晒过的水混合成食醋水浇花,也能有效改善盆土的碱化。

招式 85　如何应对花卉萎蔫

大凡养花的人,都经历过花卉萎蔫的现象,着实令人头痛。造成花卉萎蔫的原因很多,如缺水、缺肥、缺少光照、空气干燥、温度不适应、对土壤中所含酸碱度不适应、施化肥过量、感染了病毒、遭到了虫害、受到有毒气体的损害等等。发现花卉萎蔫,要根据不同的原因及时采取相应的措施进行救治。

第一,因空气过于干燥而造成的花卉萎蔫,可以增加空气湿度,对花卉周围的地面、叶面每天喷水 2~3 次。

第二,盆土缺水会引起花卉萎蔫。由于养花者每次浇水的量太少,只把泥土表面浇湿了就以为够了,结果花卉的根部吸收不到水分,时间一长,花卉自然会因为得不着水分而萎蔫。补救的办法是浇水,但要注意只能逐渐增加浇水量,不可猛然一下子浇得太多,花卉萎蔫已使细胞失水,若供应水分骤然过多,会使细胞壁和原生质发生质壁分离,导致萎蔫加剧甚至死亡。

第三,将萎蔫的植株暂时搁放在阴凉通风处,改浇水为适量喷水,为其创造一个相对阴凉的小环境,使其慢慢得以恢复。

招式 86　水培花卉如何养护

水培类的花卉以其美观易养颇受现代家庭喜爱,养护这些花卉也要讲究技巧。室内应经常保持通风,以免病虫害滋生;花叶鲜艳的植物应放在光线充足处,否则,鲜艳的花叶会失去亮丽的色彩;若光线不足,室内应安装一定数量的白炽灯。夏季炎热时,室内应采用通风、喷水等手段降温;冬季低温时可采用取暖器来增加室内温度,尽量不使用空调;营养液滴入花瓶中后应摇一下瓶子,这样可使营养液均匀散布在水中,以后可时常摇一下花瓶,有利于根系吸收营养;在花瓶里养鱼时,应注意当地自来水含氯化物是否很高,如果过高会使金鱼慢性中毒而死,应该先把自来水准备好放上两天再用。下面具体介绍一下常见水培类花卉的养护要领。

一、红掌。红掌品种有很多,包括红色、白色、橙色、杂色等品种。红掌怕低温环境,忌昼夜温差变化较大,环境温度最好保持在20~28度,但可耐40度高温,当气温低于15度时,就会对植株造成一定的伤害。红掌喜散射日光,这样会使花色鲜艳;环境应时常通风,以减少病虫害,使植株健康生长。

二、春羽。春羽是一种适应能力比较强的植物,喜光照明亮、气候温暖湿润的环境;忌强光暴晒,耐半阴。室内放置应靠窗前,使其接受一定的光照,生长适温20~25度,也能耐38~40度高温,越冬温度不得低于5度。春羽自身抵抗力很强,很少有病虫害。

三、绿巨人。绿巨人喜高温高湿的环境,生长适温在20~30度之间,超过30度时应向叶面喷水,切忌将水浇于叶心,这样容易引起腐烂;冬季生长温度最好保持在10度以上,绿巨人为耐阴植物,应避免阳光直射,但冬季应适当增加光照,以满足光合作用的需要。

四、天鹅绒竹芋。天鹅绒竹芋喜温暖、湿润和半阳的环境。生长适温18~22度,冬季室内养护应保持在15度以上,低于13度时易烂根黄叶,忌阳光直射,可在明亮散光环境下常年生长良好。

五、孔雀竹芋。孔雀竹芋比较娇气,喜高温多湿,宜半阴无阳光直射的环境,室温保持在10度以上可正常越冬,温度再低时叶片枯萎进入休眠。春夏季阳光强烈时应适当遮阴,冬季可放置于阳光充足处,如长期置于阴暗处,会影响叶面斑纹的艳丽。

六、南洋杉。南洋杉喜温暖、凉爽,不耐寒。当气温在25~30度、空气湿度在85%时生长良好,冬季度10度以上可安全越冬。南洋杉喜阳光充足,但忌阳光暴晒;入夏放阴凉处,冬季应放置向阳处,并注意每半个月转换一次盆的位置,使其均匀地接受阳光沐浴,以保持树型的美观。

七、发财树。发财树是很常见的室内摆设植物,喜高温和半阳光环境,不耐寒,生长适温为25~32℃,低于15℃易黄叶落叶,10℃时易死亡。对光照要求不严格,室内的散光即可满足其生长需要。

八、黑美人。黑美人比较特殊,极耐阴暗,最适宜生长温度在22～32℃之间,而且冬天极限温度在10℃以上,短暂的低温会使黑美人受到寒害,导致叶、茎腐烂。

九、龟背竹。龟背竹和一般的植物不一样,靠气根生长,所以其根特别粗壮。它喜欢明亮而非直射的环境,较耐阴,能短时间忍受极阴暗的环境,在5℃以上可适应生长。

十、海芋。海芋适宜在阴暗、温暖、潮湿的环境中生长,非常适合室内栽培,对温度不怎么敏感。

十一、金琥。金琥是一种生命力极强的植物,它有能忍耐40℃高温的特性,但根部呼吸作用不强,所以水培时千万不能将球体浸到水面,以免球体腐烂。冬季5℃以上可安全越冬。

第二节　5招教你养好宠物

随着人民生活水平的提高,越来越多的小动物纷纷走进寻常百姓家,为人们的生活增添了无穷乐趣。宠物的种类繁多,而不同的宠物也有不同的生活习性,它们对食物的品种和营养的需求也不相同。作为被雇主请来的专门从事喂养宠物的家政服务人员,要根据雇主的要求,尽快熟悉宠物的生活习性,掌握宠物饲养的各种要领和方法,懂得宠物患病时需要注意的事项和解决之道,做一个合格的家政服务人员。

招式87　如何饲喂宠物犬

现在,养宠物犬的人越来越多,人们在与犬的交流中,表达着对小动物的爱心,也享受着小动物带给他们的快乐。由于工作忙碌,很多人家请来了家政服务人员专门饲养爱犬。然而,养好宠物犬并非易事,从犬的饮食到对犬的训练再到犬生病时对其的照料,都是一门学问,需要负责饲养宠物犬的家政人员好好学习方能做得称职。

首先,要把好宠物犬的饮食关。做好这一点,需要掌握以下几个要领。

第一，要选择宠物犬专用的食品喂养。在中国人的传统观念中，犬的营养要求很低，更没有什么特殊的营养要求，随便有点什么吃得就可以了。因此，宠物犬常常吃人们饭桌上的食物和一些残羹冷炙。其实，这是一个误区。宠物犬是肉食动物，其肠道相对较短，胃肠道分泌的消化液有利于消化和吸收动物的肌肉和骨骼，所以宠物犬能消化吸收动物鲜肉和内脏中的90%~95%蛋白质，但却只能消化吸收60%~80%植物性蛋白质。而人属于杂食性的，与宠物犬不一样，所以，如果用人的食物去喂养宠物，营养就难以做到均衡，满足不了宠物的营养需要，而且可能会对宠物的健康造成伤害。因此，如果要喂养出体格健壮的、漂亮的、高素质的宠物犬就应该喂养宠物专用食品，增强宠物犬的抵抗力，抵抗各种病原微生物的侵害，从而少生病。

第二，要正确喂食宠物专用食品。饲养宠物犬，喂食很关键。如果对宠物和宠物食品缺乏了解，生怕犬饿着，而不断或大量饲喂食物，很容易引起宠物发病，甚至死亡，幼犬尤其如此。正确的方法是先让刚买回来的幼犬喝水，然后用营养全面均衡、又易于消化吸收的专用食品来喂养，前几天喂到八九成饱就可以了，以后慢慢恢复正常。无需增加大量喂食量，或者添加其他食品，否则，营养过剩喂养出的宠物犬就是肥胖的，而不是健康的。

第三，换食要科学。宠物犬采食有其习性和嗜好，对新食物有适应期，在食物发生变化的时候，犬消化道里的酶的种类和数量也需要进行适当的调整，以适应食物的变化，一般而言，这种调整需要5~7天时间。如果突然换食，往往会出现两种极端：一种是食物的口味好，适合宠物犬的嗜好，宠物犬便大量采食，尤其是幼犬，吃多了会引起上吐下泻，如果治疗不及时常常会造成死亡；另一种情况是食物不合宠物犬的口味，宠物犬不爱采食，影响身体健康。正确的换食方法是：刚开始时还是以原食物为主，可以加入少量新食物，以后逐渐增加新食物的量，减少原食物的量，直至宠物犬全部食用新食物。

第四，不要用肝脏和胡萝卜喂宠物犬。动物肝脏营养丰富，对犬适口性特别好，几乎所有的犬都喜欢吃，于是不少宠物主喜欢用这些食物饲喂自己的爱犬，这样做不科学，容易引起幼犬的佝偻病和成犬的骨软化病。

第五，别用生肉、生鱼、生虾喂宠物犬。犬都喜欢吃生肉和生鱼虾，但这些食物中，常常含有弓形虫等寄生虫和沙门氏菌、大肠杆菌等多种致病菌，宠物犬吃了会感染疾病，给身体带来严重危害。

第六，别用成犬的食物饲喂幼犬。幼犬正值生长发育阶段，所需的营养和能量比停止生长发育的成犬要多一些，幼犬在生长发育的前半期，所需的能量是成犬的两倍多,以后才慢慢减少,当幼犬体重达到成年犬的80%时,它消耗的能量仍比成年犬多20%,因此幼犬采食高能量食品可减轻其消化负担。幼犬需要大量的蛋白质和氨基酸等营养,但对蛋白质的消化能力却不如成犬,为弥补这一缺陷,幼犬食物中的蛋白质含量要高25%~30%;幼犬与成犬相比需要更高的钙含量;幼犬分泌的淀粉酶少,消化和吸收淀粉的能力差,因此,幼犬吃了成犬的食物后容易造成生长发育缓慢,身体免疫功能降低,发生贫血、佝偻病甚至腹泻。

第七,别往宠物食品中添加其他食物。宠物食品是科学的全价平衡的食品,含有各生命阶段犬所需的一切营养物质,而且各营养成分之间的搭配科学合理,有利于宠物犬的充分消化和吸收,保证宠物的健康成长。在宠物食品中添加其他食物,会破坏其科学的全价平衡性,影响宠物犬对各种营养成分的吸收,可能导致宠物犬肥胖或患上某些营养性疾病。宠物干粮和宠物罐头食品是一种完美食品组合,既具有全面均衡的营养,又具有很好的口感,宠物犬一般都很喜欢吃。

其次,对宠物犬要有爱心,训练方法要得当。这里的学问包含以下几个方面。

第一,对待宠物犬要耐心,要把它当作伙伴和朋友,在喂养和护理上要细心。对待它的态度要始终如一,不能喜怒无常,更不能拿它当出气筒。

第二,宠物犬虽然聪明,但毕竟不能像人一样进行逻辑思维,它毕竟还是听不懂人的语言,只能通过记忆来学习。所以在训练宠物犬时,要很有耐心,不厌其烦地重复口令或手势,以巩固反射,建立起宠物犬的行为习惯,切不可要求过高,操之过急。

第三,要经常和宠物犬接触,一起做游戏、玩耍、友好相待。

第四,与宠物犬相处的过程中,一定要理智,切不可动辄打骂。训练中,消极的做法并不能帮助宠物犬提高成绩。狗即使犯了错误,惩罚也要适当。

第五,要经常带上宠物犬出门运动,室外环境复杂,遛狗时保证宠物犬安全的最好办法就是给狗拴好链子,这样既避免了宠物犬发生危险,又保证了宠物犬不会伤到邻居,对怕狗的邻居也是一种尊重。

再其次,宠物犬生病了,要掌握应对方法和要领,方能让宠物犬尽快恢复健康。如果发现宠物犬身体状况不正常,就要先去医院,确定宠物犬得了什么病,并询问医生应该吃什么东西,然后谨遵医嘱。饮食上需要特殊的照顾,要给其喂食容易消化但营养价值高的食物。

宠物犬病了会消耗很多体力，需要想办法让它吃东西恢复体力。如果狗实在不想吃，可以采用少量多餐的方法，一天的食物分2~3次喂。如果宠物犬食欲不振，要把平日里吃的硬狗粮用开水或牛奶泡软了喂它，温度掌握在40度上下，不要过于烫嘴，或者拌进些罐头或口感较软的食物给它吃。如果患了痢疾要补充水分，防止脱水。如果宠物犬感冒了，出现发烧、咳嗽、没有食欲等现象，应该给它喂些营养丰富的食物，让它呆在暖和的屋里好好休息。

招式88 宠物猫的饲养

第一，猫的饮食。

猫属于肉食动物，食物以蛋白质为主，常吃鱼和肉。这两项食物的量大约占到总食物量的60%。除此之外，猫也吃鸡肉、牛肉、鸡蛋、黄油、鱼干和适当的乳制品。现在很多人都给猫喂食专用的猫食品，不仅经济方便而且营养丰富。猫食品大致可以分为干性、罐头、半生熟三种。干性食品含有必要的营养，味道分为牛肉味、鸡肉味和鱼肉味，每种都很脆。这种食品既可以锻炼猫的牙床，又便于保存。所以应该尽可能以这种食物为主，但要注意在喂的时候放上足够的水。罐头一般由虾、鱼等高级原料做成，种类繁多，味道可口，比干性食品更受猫的欢迎。但罐头里含的营养成分有限，一般将其与干性食品混合较好。罐头可以保存得长久一些，但开启后很容易变质，要尽快食用。半生熟的食品介于干性食品和罐头食品之间，适合老年猫食用。

小猫出生两个月后，饭量和大猫相差无几，但要分多次喂食。4到6个月时正是为强壮骨骼和肌肉打基础的时候，因此要给它准备蛋白质丰富的食物。这时期小猫的食量会大得惊人，可以多喂些容易消化的食物。猫长到6个月以后，基本上一日两餐足矣，要规定用餐的时间和场所，让它过上有规律的生活。

需要注意的是，有一些食物是不能给猫咪喂食的。

洋葱——会破坏猫的血红细胞，禁止给猫喂食。鱼骨和鸡骨——有刺伤猫的胃和食道的危险，不能给猫喂食。生肉——可能有弓形虫，应该煮熟后再给猫吃。墨鱼和章鱼——不易消化，不能吃。鲍鱼和海螺——有可能会诱发光线过敏症和易得皮炎，尤其对猫的耳朵会更有影响。内脏——虽然内含维生素A，但对猫的骨节有损害，尽量不要喂。

第二,对猫进行训练。

1. 上厕所。猫喜欢干净,很容易训练它到固定的地方上厕所,越早训练效果越好。可以在家里的走廊角、阳台等地方设置猫用厕所。尚未习惯新家的猫咪有便意时会坐立不安,这时可以把猫抱到准备好的猫用厕所里,或许刚开始的时候它会不知所措地爬出来,但你要轻声对它说:"厕所在这里。"然后多重复几次。可以将沾有猫尿的沙子或纸巾放入厕所中,当猫闻到自己的气味后,就会安心了。猫顺利方便完以后,要好好表扬它,这样重复训练就会很有效果。猫喜欢干净的厕所,别忘了每天做扫除,维持清洁和卫生。此外要注意的是,猫是不喜欢生活有改变的动物,因此,最好不要任意改变厕所的位置。要是经常换地方的话,猫就很难安心地方便,即便需要换地方也要慢慢地逐渐移动,让猫渐渐去适应这种变化。当然,如果有可能,还可以训练猫咪在马桶方便。这种训练比较费时间和精力,但结果却是一劳永逸的。

2. 训练猫听得懂自己的名字。猫和狗不同,它没有听从人类命令的习惯,不会像狗那样学会与人握手或端坐不动,但它们却能意识到自己是与主人生活在一起,而且要与主人保持良好的关系。因此,要训练猫让它对自己的名字做到"呼之即来"。最见效的方法是,在给猫喂饭之前,叫猫的名字,它只要明白叫名字就有吃的,自然就记住了自己名字的发音。

3. 对猫进行磨爪训练。对于猫来说,它们的爪子很重要,具有很强的攻击性,可以当作保护它们的武器。在生长过程中,它们必须时时磨掉老化的角质而使其变得锋利无比,以显示自己的力量。因此,要经常对猫进行磨爪训练。在训练猫磨爪时一定要给猫准备进行磨爪的工具,我们可以在木板上缠上布条或者包一块毯子,尽可能地多准备几块这样的板子,并将它们放在猫喜欢去的地方。如果猫开始在家具上磨爪,要马上说"不行!",然后把它带到有专用木板的地方进行磨爪。刚开始的时候,猫可能会吵闹,但是几回下来就会耐心磨爪。当它能非常熟练地使用磨爪板时应该表扬它。

4. 训练猫和金鱼、小鸟和平相处。猫总是特别喜爱金鱼、小鸟这些活动的东西。即使它并没有想吃它们的打算,但当它看到慢悠悠游动的金鱼,扑棱棱扇动翅膀的小鸟,就会兴趣大增,不知不觉地伸出爪子。因此碰到这种情况,当猫刚开始靠近金鱼和小鸟的时候,就应该严厉斥责它,教导它不可以出手。听话的猫在被斥责几次以后就不会再靠近了,即使眼睛仍旧紧盯着金鱼和小鸟看,然而不会出手。然而大部分的猫都不会放弃这种有趣的玩耍,因此保险起见,还是要把鱼缸、鸟笼拿到猫咪够不到的地方,或者给鱼缸罩上金属网。

第三，给猫进行毛皮护理。

猫咪喜欢清洁和干净，因此会经常用自己的舌头舔身上的毛，一边去除污垢，一边梳理毛发。但是，我们不能因此就把对身体的呵护全部交给猫咪自己。因为猫的身体再柔软，也有舌头舔不到的地方，特别是对长毛的品种，只靠猫咪自己也很难保持毛的清洁，所以家政服务人员要帮助猫咪进行毛皮清洁。要每天在固定的时间，对猫从头到尾进行慢慢的梳理。等到梳到腰部时，可以把猫咪翻转过来，从颈部开始向下腹部进行梳理。要对全身各个地方进行细致的梳理，连尾巴尖也不能放过。梳理时，梳子跟皮肤成直角。当梳子被毛挂住时，即便被挂住一点点也要用手指压住毛根部先梳理上面的部分，然后再梳通毛根。腹部和尾部最容易打结，要特别细心。每天对猫咪的毛皮进行细致入微的护理不仅能除去猫咪身上的污垢和虱子，防止毛起球不顺畅，还有利于猫咪的血液循环，能够促进其皮肤的新陈代谢。

第四，给猫洗澡。

洗澡前先清理猫的耳朵，修剪猫的指甲，好好刷一下猫的皮毛。然后在澡盆里注入温水，让猫站进去，用沐浴水桶淋水，让水渗到毛根。用纱布一点一点地将猫的头部弄湿，按照颈、胸、头的顺序抹上香波，然后用指尖像按摩一样轻轻搓洗，等起泡后，再细心地洗屁股、爪等地方。清洗干净后，涂上护理液，然后用水冲洗掉，并将水轻轻擦掉，迅速用毛巾裹住全身，以吸收水分。也可以使用吹风机，从臀部向颈部吹，将猫咪的皮毛吹干，然后进行梳理和刷毛。

第五，从食欲判断猫是否患病。

一般来说，猫的食欲是固定的。不过，有的猫也会变化无常，变得不爱吃饭。猫咪有一次半次不吃饭，不必小题大做送医院。但要弄明白猫咪不吃饭的原因。通常，吃腻了某种食物、餐具脏了、因为附近有只狗而不安、由于搬家或长途旅行使得生活环境发生变化，在这些情况下，即使健康的猫也不想吃饭，因此不必担心。但是，如果出现以下症状就要重视：猫丝毫没有食欲，没精打采，身体发烧，总是长时间蹲着不动，上吐下泻；采食量很多，但却反而瘦了下去，两三天不喝水，或者喝得很多，拉的尿像水一样没有气味。发生这些情况就要将猫送到宠物医院进行诊断治疗，切不可大意。

招式89 玩赏鸟的饲养

为了增添生活情趣,让家里充满生机和活力,很多家庭选择了养鸟这种休闲娱乐方式。通常情况下,笼养鸟类的运动、休憩、觅食和鸣叫等都是有一定的规律可循的。作为家政服务人员,要想帮助雇主养好鸟,就要时常观察鸟在笼子里是否活跃,喂它吃食时食欲是否很强,吃食的速度如何,是否会鸣叫,鸣叫的时间又有多长,休息时采用什么姿态,每天排便的数量、次数、形状、气味和颜色等,呼吸的次数,眼睛的明亮程度、羽毛是否有光泽、是否出现松毛等,如果这一切都正常,就是健康的表现,反之,就需要寻找原因,并及时采取措施加以解决。

下面具体介绍一下养好观赏鸟的要领。

第一,要给鸟喂食青饲料。青饲料是指各种蔬菜以及某些野菜和树芽等。青绿饲料中含有大量的水分以及丰富的维生素和矿物质,青鲜饲料虽然用量不大,但它是观赏笼养鸟所需维生素的主要来源,对于生活在笼中的鸟类来说,有增进食欲、提高活力的作用。因此,让鸟每天吃到新鲜青菜是很好的。可用于观赏鸟采食的青绿饲料的品种很多,常见和使用的是:1.青菜类。青菜类供作笼养鸟饲料的种类很多,常用的有小白菜、大白菜、小油菜以及青菜叶、萝卜缨、卷心菜的嫩叶等。2.野草类。野青草是笼养鸟喜爱吃的一种饲料,营养非常丰富。主要包括:野菜如苜蓿、苋菜、马齿苋、蒲公英、苦菜等,各种水生植物如浮萍、青萍、金龟藻等,各种野青草及树芽、树叶、麦苗等。3.根茎类。胡萝卜、水萝卜、马铃薯和山芋等都可以用来饲喂观赏鸟。4.瓜果类。瓜果类是多汁饲料。很多种观赏鸟都喜食用,常用的有:南瓜、菜瓜、黄瓜、番茄、柿子椒、西瓜、香瓜、梨、桃、苹果、香蕉、橘子、葡萄、柿子、黑枣等。

第二,要根据四季气候变化喂养观赏鸟。

1. 春季。春天天气忽冷忽热,春雨绵绵,空气湿度较大,早晚温差明显,应注意气候的变化,注意保温,防止冷热风寒的侵袭而使鸟儿生病。春季的鸟儿处于发情期,鸣叫非常频繁,声音很是悦耳,鸟外形看上去显得格外精神和活跃,因此,对要进行繁殖的观赏鸟和将要配对的种鸟,要增加脂肪等营养物,给予青菜和牡蛎粉吃,这样有利于观赏鸟的发情和受精。对不准备进行繁殖的鸟儿,尤其是雄鸟应该尽量减少脂肪饲料的供应,可以多喂些树芽、野菜芽之类的青绿饲料,以防观赏鸟"惊撞"或夜间"闹笼"。

2. 夏季。夏季气温升高,蚊虫增多,要给鸟儿多多喂水,尽可能供给浴水和浴沙。任何鸟都怕炎热,鸟笼必须置阴凉通风处,切忌在日光下暴晒,使小鸟中暑。另外,夏季潮热,是各种细菌和寄生虫滋生和猖獗的季节。在潮湿的天气里,饲料容易发霉变质,因此要防止因霉菌或细菌引起的肠疾患、下痢或其他疾病感染。饲料要少添、勤添,经常清理水罐、食罐,水罐中的水要清洁。

3. 秋季。秋季对鸟儿来说,是最舒适,最易生长的季节,湿气少,阳光暖和,适宜鸟儿生活。但因鸟要在这时期换羽,所以要增加营养及新鲜食物,并补给维生素,同时增加蛋白质饲料,加快新羽的生长。秋季又是鸟养膘的季节。常言说"春养骨头,秋养膘","膘"就是鸟的皮下脂肪,其有储备热能的作用,又是很好的保温层,对鸟越冬非常关键。因此,除了给鸟喂食平时常用的饲料外,要适当加大脂肪性饲料的量,可以给食粒料的鸟直接喂油料农作物的种子。对于食粉料的鸟,可以把油料农作物的种子碾碎后拌入饲料中饲喂。食虫的鸟,宜增加鲜羊肉末或面包虫等。

4. 冬季。寒冬气温严寒,日照时间变短,鸟类取食时间日渐减少,容易发生风寒感冒、肺炎、营养不良、消瘦等情况。因此,环境温度十分重要,切忌忽冷忽热,平时可将鸟放在室内暖和向阳处,将笼罩掀起进行日光浴。尤其是一些不怎么耐寒的鸟更要坚持多晒太阳。为了提高鸟儿们的抗寒能力,保证鸟儿们安全越冬,应适当在日料中增加含脂肪较多的油脂性饲料,如苏籽、麻籽、油菜籽和花生、核桃肉等,以确保有一定热量。但注意每次饲喂的数量要少,不能过多。立春后应该逐渐停止供食,否则会使笼鸟嗜食油脂性饲料,而少吃或拒食粟、稻米等主食饲料,容易患上肥胖病。此外,冬季遛鸟应该根据环境的温度变化而定,要持之以恒,决不能"三天打鱼,两天晒网"。要从秋季开始"遛鸟",坚持"长期锻炼",不然,到冬季再"遛",鸟可能会因气温突变而生病。

第三,适时给鸟进行日光浴。从生理上讲,任何鸟都不能长时期离开阳光,日光浴是鸟类一种重要的保健方法,也是家养鸟所需的生活条件之一。日光浴能使鸟体温度增高,加强血液循环,增进其食欲。阳光的照射可以有效地刺激鸟类的脑垂体,增强其性激素和甲状腺素的分泌,促进鸟儿的生长发育和成熟。阳光中的紫外线具有消毒和防病作用。正常饲养条件下的观赏鸟没有必要进行专门的日光浴,只要平时将鸟笼子挂在散射光阴凉处就可以。日光浴的时间以早晨和傍晚为宜,日光浴时,不宜在鸟笼前隔一层玻璃或透明塑料,因为阳光中的紫外线无法通过玻璃或透明的塑料,因而也没有杀菌效果。

第四,鸟儿感冒了要及时治疗。感冒是观赏鸟的在秋末冬初之时的多发病。气温的急剧变化,会导致鸟儿的体温调节失常,机体抗病力降低,尤其是上呼吸道黏膜的防御机能衰退,导致大量细菌繁殖,引起感冒和上呼吸道黏膜炎症。观赏鸟患感冒后,表现为精神不振,不爱活动,呆立栖架上,羽毛收起,体温升高,鼻孔有水状稀液流出,严重时被黏稠液阻塞而张嘴呼吸,呼吸困难、急促并伴有咳嗽,闭眼喘息不止。发现鸟有感冒症状后要注意保暖,避免继续受寒。可将磺胺嘧啶混在饲料中连喂3天,治疗量为0.1%~0.2%。也可在饮水中加药,饮水浓度为0.1%~0.2%,连喂3~5天。另外,可以将面包虫剪断,并在其身上沾上药粉喂给小鸟,每日3次,三五天后即可消除症状。也可在饮水中加0.2%的感冒通或1包感冒冲剂,连喂3~5天。如果病鸟的鼻孔被堵塞或鼻孔周围有分泌物,可用棉签将黏液粘出并擦去鼻孔周围的分泌物,然后用1%麻黄素溶液或植物油滴鼻,使其呼吸通畅。

招式90　观赏鱼的饲养

观赏鱼可以陶冶性情、美化生活环境,很多家庭都养。忙碌了一天回到家,看着干净的鱼缸里,鲜活漂亮的鱼儿正慢悠悠自在得意地游水嬉戏,或许你的心情都会增色不少。那么,如何养好一缸鱼儿呢?这里头可真是学问。

首先,要把好水质关。水是鱼类赖于生存的最重要、最基本的条件,水质的好坏直接影响到鱼类的健康。而水体中的各种因素又直接影响到水质的好坏。因此,在养鱼之前,要把好水质关。通常情况下,自来水厂在供水前会往水里投入氯制剂,以便将水里的微生物杀灭,确保人们饮水健康。而为了确保每家用户出水口都保持一定浓度,投入氯的量是相当大的。氯制剂对人体无害,但对鱼来说,却有一个很大的毒源。因此自来水不能直接养鱼,必须经过处理。我们可以用敞口盆盛装自来水晾晒24小时,让氯气自行挥发或者将大苏打投入水中化学除氯。

其次,给鱼喂饵要适量,不能太多。如果投食的量比较大,鱼吃不完,剩余的食物残渣就会浸泡在水中,对水体造成污染,加速水的变质和腐臭。

再其次，鱼缸清洗要及时。鱼缸中的过滤器里聚集了很多鱼粪便、食物残渣，如果不及时清理和消毒，很可能成为细菌病毒生长的温床，对人体健康造成很大影响。

最后，鱼生病了要早发现，早治疗。1.当发现鱼浮于水面或游动缓慢，即使人走近池边，仍浮在水面，靠近池壁时，可以判断鱼得了气泡病、车轮虫病或斜管虫病。气泡病的防治，不使用含有气泡的水，对鱼缸升温不能过快，以每天不超过2℃为宜，当发现气泡病时，应该立即加注清水，并排出原来的水，或将观赏鱼移入清水中，并使水温下降，病情轻的鱼能排出气泡，恢复正常。车轮虫病、斜管虫病的防治，用硫酸铜和硫酸亚铁合剂治疗，有药到病除的效果。2.当发现鱼食欲减退，离群独游，背鳍不挺，尾鳍无力下垂，饲料吞进口里又吐出时，就要对饲料生物进行过滤，除去有害的寄生虫，并将病鱼用高锰酸钾溶液药浴30分钟，直至痊愈为止。3.当发现鱼游动不安、急窜、上浮下游，鱼体失去平衡时，就要考虑是不是患中毒症和水霉病。水霉病的防治：此病主要是给鱼缸换水或给鱼投饵，捕捉鱼时操作不当引起的，鱼受到人为的碰伤，从而使霉菌入侵伤口而发病，因此操作必须十分小心，要用高锰酸钾对养鱼容器进行消毒，用1%孔雀石绿涂抹患处，3～4天后再用药1次。4.当发现鱼的肛门拖着一条黄色或白色的长而细的粪便，游动时甩不掉，严重时肛门红肿，腹部出现红斑，轻压腹部时肛门会有血黄色黏液流出时，就要判断鱼得了出血病。应该及时用漂白粉消毒。

招式91 巴西龟的饲养

巴西龟具有杂食性，可食食物品种繁多，对环境适应性强，非常适合人工养殖，成为很多家庭饲养水族宠物的首要选择。

给买来的巴西龟安家，是一件非常容易的事，一个平底容器，一个塑料盆，一个水族箱都可以成为巴西龟的"安乐窝"。在这些容器里放入水时，注意不要太深，不要超过龟的身体长度，方便龟到水面呼吸时脚能撑到地，且每只幼龟保持五公升水的活动空间。应该定期换水，避免巴西龟在有排泄物和吃剩饲料的水中生活，这样的环境会促进病菌增长，容易使龟患病。

用来喂养巴西龟的饲料应该新鲜全面而营养丰富，巴西龟的抗病力较强，常见的疾病有白眼病、皮肤病、肠胃炎等，应该对症治疗。

如果巴西龟出现眼部发炎充血并逐渐变成灰白色而肿大,眼角膜和眼角周围因发生炎症而糜烂,眼球外部被一层白色分泌物覆盖等症状,就说明巴西龟得了白眼病,应该加强饲养管理,重点做好消毒工作。对龟及养龟水体、食具严格消毒;加强龟饲料的营养成分,增强龟抗病能力。要用金霉素眼膏涂病龟眼部。

如果巴西龟出现目光呆滞没什么光彩,体形日渐消瘦却不喜爱爬动,喜欢饮水,经常腹泻,粪便呈鼻涕状等症状时,就说明巴西龟得了肠胃炎,要尽快改善水质,保持水质清新,投喂新鲜饲料,并对食具严格消毒。可在饲料中拌入适量土霉素投喂病龟。

如果巴西龟出现表层甲壳腐烂,不食,少动症状,就说明巴西龟得了腐甲病,要尽快用高锰酸钾溶液浸泡病龟15分钟后,再用微量高锰酸钾结晶粉轻轻涂于病龟病灶部位。

温馨提示

被宠物咬伤的处理办法

饲养宠物,与宠物和谐相处,自然能给人们带来快乐,但同时也潜伏着安全隐患。动物毕竟不是人,没有办法让它们用脑来控制自己的"野蛮行为",因此,被宠物咬伤的意外难免会发生。一旦被宠物咬伤后,应该如何处理?需要注意哪些问题?

第一,正确处置伤口。伤口的正确处置是防止发病的关键,越早越好。最好能取得医生的帮助,当然也可自行处理,其方法是先将伤口挤压出血,并用浓肥皂水反复冲洗伤口,再用大量清水冲洗,擦干后用5%碘酒烧灼伤口,用来清除或杀灭污染伤口的狂犬病毒。只要未伤及大血管,一般无需包扎或缝合。若条件许可,可在伤口周围注射狂犬病血清和破伤风抗霉素。

第二,尽早尽快注射狂犬疫苗。被宠物咬伤后应该尽早注射狂犬疫苗,越早注射效果越好。首次注射疫苗的最佳时间是被咬伤后的48小时内。具体注射时间是:分别于第0、3、7、14、30天各肌肉注射1支2毫升的疫苗。

第三,在注射狂犬疫苗期间,禁止饮酒、喝浓茶和咖啡;不要吃刺激性的食物,诸如辣椒、葱、大蒜等等;同时要避免受凉、剧烈运动或过度疲劳,防止感冒。

第七章
5招教你与雇主和睦相处
wuzhaojiaoniyuguzhuhemuxiangchu

招式92：自尊自爱,和雇主和睦相处
招式93：让自尊保持一定的弹性
招式94：培养良好的言行举止
招式95：做错了事,如何向雇主道歉
招式96：语言礼仪要恰当

99招让你成为

简单基础知识介绍

作为家政服务人员,你从选择这一职业的那一天起,就要考虑如何和自己的雇主和睦相处,这是你顺利展开工作的前提和基础。这里面的学问不仅仅是一些简单的相处技巧问题,更多的,是你的心态和对这个职业的看法。暂且抛却雇主一方的态度和相处技巧不说,主要从你的这个角度分析一下,如果你依旧持有老观念,把自己看作是侍候人的"下人",那么,你就会变得自卑,对自己失去信心;但如果你仅仅把自己当作一个提供家政服务的外人,抛却"进了一家门,就是一家人"的相处理念,你就会变得漠然和消极,不会对雇主付出真心和真情,更别谈会如何尽心尽力地做好自己的分内分外之事。由此可见,相处是一门艺术,平和正确的心态却是发挥这门艺术的前提,前提对了,技巧有了,你和雇主之间的相处就会变得容易起来,关系就会变得融洽,你也能在与雇主的沟通和交流中体会到工作的快乐和幸福。

行家出招

招式92 自尊自爱,和雇主和睦相处

作为家政服务人员,在从事这份工作的同时,就要端正态度,不卑不亢,既学会自尊自爱,又懂得尊重他人,帮助他人。一个合格的家政人员要做到以下几点:

第一,家政服务人员来到雇主家后,必须遵照雇主的意愿行事,不能有太强的主观意识。要尽快熟悉和了解雇主的生活习惯、饮食口味、爱好,起居作息时间,房间生活用品的放置等,并严格按照雇主的要求去做,收拾房间时做到物品定位,以防忙中出错。要尽快适应雇主家的生活,不能总是强调和坚持自己的生活习惯。

第二,与雇主家庭成员的相处要讲究技巧和方法。和男主人相处,关键在于心端行正,除了以端庄娴静的优良品质和勤勤恳恳、兢兢业业的服务态度赢得主人的信任和尊重外,关键是和男主人的距离要把握分寸,既不能太远,又不能太近。和女主人相处,一是说清来历,让其有安全感。二是善于处

理各种关系,让其有亲切感。比如照料好她的孩子,善待老人和病人,更要清白为人,不爱非分之物等等。和小主人相处,爱心是前提,只有把小主人当作自己的亲人,才会对其付出无微不至的关怀和关爱,否则就易出差错。在雇主工作繁忙时,要充当孩子的家庭教师,细致而耐心地指导小主人做好家庭作业,阅读一些课外书籍,给孩子讲些童话故事等。这样,雇主自然会看在眼里,喜上眉梢,记在心头。和老人相处,应做到三点:服务、问候、请教。家政服务人员首先要从内心和意识里把对方当作自己家的老人一样,方能诚心尊重、真心服务、热心问候、虚心请教。人老之后,很忌讳"老""病""死"等字眼,因此在言谈中要尽量回避,让老人保持舒畅的心情。有的老人喜欢与人说话,家政服务人员要善解人意,与其聊天,解闷增趣。

第三,家政服务人员应当注意摆正自己的位置,任何时候不要喧宾夺主。当雇主及其家人在谈话、看电视、吃饭时,做好自己分内的工作后,应自觉回避到自己的房间或做其他房间的工作,给雇主及家人必要的私人空间。不能打听主人家和别家的私事,更不要和其他家政服务人员一起说长道短。

第四,家政服务人员要注意礼节,没有雇主的允许不要进入主人卧室,如必须进去工作或有事必先敲门,出去时记住要轻轻地把门带上。平时衣着简朴,不可穿过透、过紧、过短的衣服,更不宜化妆或佩戴首饰。

第五,个人生活用品必须使用雇主指定的用品,不要使用雇主专用的生活用品,更不可动用雇主的化妆品,或者因好奇而翻看雇主的私人用品。

第六,雇主的叮嘱和交代要记清,假如因为语言的原因,未听清和未听懂的雇主的话语和意思,一定要及时问清楚,不能不懂装懂。交代过的事情不能让雇主老是提醒。做事要有程序,不要丢三落四。

第七,工作时要小心仔细,如不慎损坏了雇主家的东西,应该主动向雇主认错,争取雇主谅解。切不可将损坏的东西扔掉,或推卸责任。

第八,时刻注意安全问题,每天临睡前要对煤气和电器进行细心的检查;临睡前要看房门有没有锁好,任何时候陌生人敲门,都不要贸然开启防盗门,要及时通报雇主或记下来人的通讯地址;悉心看管好雇主家的老人和小孩,一定要随时注意和保证他们的安全。

第九,按照合同的考勤标准,不迟到、不早退、不随意请假和旷工。

第十,做家务要最大限度开动脑筋,发挥智慧,使自己的家政技艺不断进步。

第十一,合同签订后,一切按合同要求办事,不得自行其是要求增加工资,更不得向雇主以提前发工资的名义借款。

招式93 让自尊保持一定的弹性

每一个人都有自尊。自尊是人的一种精神需要,也是人格的内核。维护自尊是人的本能和天性,当然这里也要有一个度,一个弹性的区间。为人处事若毫无自尊,脸皮太厚,不行;反过来,自尊过盛,脸皮太薄,也不好。正确的原则是:从实际的需要出发,让自尊心保持一定的弹性。

作为一名家政服务人员,首先要认清和辨明白自尊和交往的需要,辨清这两者之间的关系是非常重要的。家政服务人员的自尊自爱是职业和为人之必须,但没有技巧地过于把面子看得很重,过分强调自尊的人,这时不妨请你把看问题的立足点变一下,不要光想着自己的面子,还要看到比这更重要的东西,比如事业、工作、友谊等,让自尊服从发展的需要。这样你对自尊才会有自控力,即使受到刺激,也不至于脸红心跳。在工作和家庭交际过程中,审时度势,准确地把握自尊的弹性,才会达到最佳的交际效果。

通常情况下,家政服务人员会碰到一些涉及自尊的事情和问题,对此,要有一个清醒的头脑,冷静对待方为上策。比如说,在家政工作中受到各种各样的冷遇时,家政服务人员的自尊心会面临挑战,这时你需要冷静对待,不能太激动,不妨多想一想你的使命、职责,为了适应环境,迅速加大自尊的承受力度。当家政服务人员满心希望他人肯定你花了很大的心血做的那件自认为很不错的事情,却偏偏得到全盘否定时,一定会受到强烈的刺激,但为了挽回面子,常常进行辩解、反驳,甚至是争吵。这就大错特错了。因为这样维护自尊、面子,只会使事情向相反的方向发展,使之变得更加糟糕,倒不如冷静地接受这个事实,效果可能更好一些。当家政服务人员做错事情受到批评时,特别是当众挨批评更是难为情,自尊心一定受不了。此时应该对批评有一个正确的认识和理解,采取虚心的态度,这种做法不仅不会丢你的面子,反而会改变他人对你的看法,给对方留下一个好印象。有时,批评的内容不实,有些偏颇,而批评者又处在特别的地位。这时家政服务人员如果受到自尊心的驱动,对批评者当场进行反击,起到的效果肯定不好。理智一些,不要当场反驳,事后再进行说明,这种处理较为有利。有的家政服务人员在工作时会因压力或委屈而哭泣,这只能显示你的脆弱和缺乏自制力。在你的雇主面前,如果你为与工作有关的事而哭泣,这表明你不具备对付工作压力的能力。维护自尊时,脸皮不妨厚一点,这并不是不要尊严,而是要把握适当的度,保持最佳弹性空间。

招式94　培养良好的言行举止

或许有的家政服务人员会说,我是来做事的,把事情做好就行了,哪里能注意得了那么多。其实不然,表面上我们是在做事,但实际上我们是在与人打交道。一个人有良好的修养,就容易招人喜欢,容易和人沟通,和睦相处了,事情就容易做成。

因此,要想与雇主家人和睦共处,家政服务人员的举止言谈非常重要。俗话说"站有站姿,坐有坐样",而对那些没规矩的人,则说他是"站没站姿,坐没坐样"。所以无论做什么动作,我们都要自然大方,给人良好的印象。站的时候要挺直,不要垂头耸肩,弯腰驼背,东倒西歪。坐姿要端庄而稳重,将两脚并拢,两腿不能交叉。两手要自然下垂,交握在膝前,五指并拢,不要做任何小动作。与人交谈,身体可以适当而自然地前倾或后仰,但不要弓腰弯背,或者把头仰到沙发或椅背后去,交谈刚开始的几分钟尤其要注意姿态,不可往后靠。与人交谈说话的时候要保持一定的距离,最好在1米左右,不要把呼出的气或唾沫喷溅到对方脸上。不要过多运用手势,以免引起误会或反感。家里来了客人或者雇主家人多时,入座和起身都要小心,动作要缓和稳重,不要弄得桌椅乱响。走路要轻盈利索,不要太快或太慢,也不要乱扭身体。要注意细节,大方自信,不要耍小脾气,更不能赌气不工作;不能随便打听别人的私事,在家或者小区里传播流言蜚语,随便发表对别人的意见和看法;不能不经允许随意出入他人的卧室;不要穿着睡衣到处乱走,或穿着睡衣或口嚼零食与别人聊天、看电视,或在电视前睡着了;不要长时间占用卫生间;不可乱翻别人的东西,也不可乱用他人的物品。

作为家政服务人员,还要尊重雇主的个人隐私和秘密。不要三三两两聚在一起,议论雇主家的事情。比如东家如何如何富有,西家怎么穷了。张三家的孩子多么聪明,李四家的小孩子头脑笨拙,或者谈论谁大方,谁小气等。雇主家中成员有不同意见,发生矛盾,你要保持中立,千万不要发表个人意见。更不要对雇主家庭成员评头品足。

招式 95　做错了事,如何向雇主道歉

家政服务人员为雇主提供家政服务,难免会有做错事情的时候,碰到这样的情况,应该如何正确处置呢?你应该如何向雇主道歉,争取对方的原谅呢?

第一,家政服务人员做错了事,一定要勇于承担,不可找理由推卸责任,文过饰非。

第二,道歉要及时,不可拖延时间,要向雇主明确地表明自己的态度,时间拖久了,事过境迁,一方面自己难以启齿表达歉意,另一方面雇主也会怀疑你道歉的诚意。

第三,向雇主道歉时,要注意认真倾听对方的诉说,深入了解对方的需求,有针对性地进行诚恳的道歉,不可不视具体情况,一味地说"对不起,不好意思,请原谅"等冠冕堂皇的话语,要具体问题具体分析具体对待,如果损坏了雇主的东西,不仅要口头上道歉,还要进行必要的赔偿。

第四,道歉要真正地发自内心,要真心地道歉,千万不可抱着放下自尊、息事宁人的态度进行道歉,这样的话,你的眼神、你的话语、你的表情都会出卖你自己,雇主是不会接受一个漫不经心,敷衍塞责的道歉的,反而会破坏你在雇主心目中的形象,引起雇主的反感,使主雇双方的关系趋于恶化。

第五,不要奢望和期待雇主一听到你的道歉就会马上原谅你,云开雾散。由于你的错误已经导致了对方的不满,要使对方改变对你的看法,原谅你所犯的错误,一定需要时间,这是一个正常的过程,即便你的道歉没有得到雇主的当场原谅,你也不要灰心,你可以冷静分析一下你的错误,分析一下哪些错误可以原谅,哪些错误不可宽容,使自己的心态平和一些。稍迟一些的时候,再去向雇主道歉也为时不晚。

总之,家政服务人员做错了事向雇主道歉,要特别注意技巧和方式,运用得好了,就是冰释前嫌,增进了解的润滑剂,能让雇主开心,也能让家政人员继续快乐地工作和生活。

招式 96 语言礼仪要恰当

作为家政服务人员,在平时与雇主的交往中,要显示出自己的教养和礼节,而不能让雇主觉得自己请的家政服务人员怎么是一个言语粗俗,无半点教养的人,从而让他们心生厌烦嫌恶,引来"炒鱿鱼"的结局。要做到有教养,语言很重要。家政服务人员在语言交流中要注意"四有四避",即"有分寸、有礼节、有教养、有学识",要"避隐私、避浅薄、避粗鄙、避忌讳"。

所谓有分寸,就是语言的表述要得体、适宜场合,要有礼貌。做到语言有分寸,必须配合以非语言的要素,要在背景知识方面知己知彼,要明确交际的目的,进而选择适合的交际体式,同时,要注意如何用言辞行动去恰当表现。当然,分寸也包括具体的言辞的分寸。

所谓有礼节,集中表现在五个最常见的礼节语言的惯用形式上,它表达了人们交际中的问候、致谢、致歉、告别、回敬这五种礼貌形式。问候时说"您好",告别时说"再见",致谢时说"谢谢",致歉时说"对不起",回敬是对致谢和致歉的回答,如"没关系""不要紧""不碍事"之类的言辞。

所谓有教养,就是说话要注意不同场合,有分寸、讲礼节,学识见多识广,词语雅致,这是言语有教养的表现。尊重和谅解别人,是一个有教养的人重要的表现。要尊重别人符合道德和法规的私生活、衣着、摆设、爱好,在别人的确有了缺点时委婉而善意地指出。谅解别人就是在别人不讲礼貌时要视情况加以处理。

所谓有学识,就是要有良好的知识储备。在高度文明的社会里,富有学识的人将会受到社会和他人的敬重,而无知无识、不学无术的浅鄙的人将会受到社会和他人的鄙视。

所谓避隐私,就是要在互相的言语交谈中避谈避问别人的隐私,这是体现家政服务人员有礼貌的重要方面。

所谓避浅薄,是指为人处事时不要不懂而装懂,语句不通,白字常吐不说还常常言不及义。如果浅薄者相遇,倒不会显出浅薄,但是浅薄者的谈话一旦被有教养和有知识的人听到,则无疑会使人感到不快。因此要谦虚谨慎,不可妄发议论。

所谓避粗鄙,是指要避讳粗野,甚至污秽、不堪入耳的话。

所谓避忌讳,是指不能使用一些社会约定俗成的避讳语,以免引起雇主家人的不满。

总之,要掌握言语的基本礼仪,讲究说话的技巧和艺术,什么场合说什么话,当着什么对象说什么话,要避免说大话,避免陈词滥调,避免喋喋不休,充分显示出家政人员的素质和教养,让自己成为受雇主欢迎和喜欢的人。

第八章
3招助你维权保平安
sanzhaozhuniweiquanbaoping'an

招式97：受聘家政服务公司，劳动法依法保护
招式98：家庭直接雇请，维权当找雇主
招式99：遭遇侵权，该如何维权

简单基础知识介绍

当前,家政服务行业在为许多家庭带来方便的同时,也存在一个毋庸置疑的事实,那就是家政服务人员仍然是城市中的弱势群体,当出现侵权问题时雇主与家政服务公司互相推诿,她们的合法权益往往得不到有效的保护。造成这种尴尬的最重要原因,是因为她们不懂法。因此,广大家政服务人员要熟悉相关法律规定,提高自己的维权意识,在从事家政服务工作之前,一定要与雇主或家政服务公司签订书面劳动合同。合同内容尽量全面、具体、明确,可以涉及工作时间、服务内容、最低工资以及争议解决方式等等,还应该对《女工保护条款》等法律常识有所了解,并根据具体情况,把有关规定或承诺写到服务合同中,用合同来约束和保障自己的义务和权益。

行家出招

招式97 受聘家政服务公司,劳动法依法保护

假如家政服务人员与家政服务公司签订了劳动合同,而由家政服务公司指派到雇主家中从事家政服务活动,那么,在这过程中出现的任何意外事故均应该由家政服务公司承担。所谓劳动关系是劳动者在用人单位的管理下从事有偿劳动,相互间构成的权利义务关系。家政人员受聘于家政服务公司,然后再由公司指派到雇主家中从事劳动服务,就使得家政服务人员拥有了双重身份:她与家政服务公司之间形成劳动关系,相对于家政服务公司而言,她是受劳动法保护的劳动者;她与雇主之间没有形成劳动关系,相对于雇主家而言,她只是一个提供家政服务的工作人员,并没有与雇主形成雇佣关系,只是在履行家政服务公司与雇主之间的合同,而不是为雇主从事雇佣活动。因此,当出现意外事故时,家政服务人员的合法权益将受到劳动法的依法保护。按照劳动法和工伤保险条例的规定,家政服务公司应该为家政服务人员缴纳社会保险费,家政服务人员在工作时间和工作场所内因工作原因受到伤害的,应该享受工伤医疗待遇。而雇主无须为家政服务人员因出现意外事故而发生的医疗费用埋单,但出于人道主义和关心,雇主可以为家政服务

人员予以适当补助。

案例分析：王女士是某家政服务公司的员工，前些日子受公司指派来到居民马先生家做保洁服务。没想到在擦窗玻璃时，一不小心从窗台上跌在地板上，导致手腕和腰部骨折。马先生出于人道主义关心，及时将她送到医院治疗，但却拒绝支付医疗费。王女士只好自己支付医疗费。情况稳定后，她去找家政服务公司讨要医疗费，不料公司经理却说："我们当初签订的合同中明确规定'意外事故概不负责'，不过由于你是为马先生打扫卫生时受的伤，可以找他索赔。"于是，王女士又返回马家找马先生理论，无奈马先生认为自己不仅支付了保洁费，而且及时将王女士送到了医院，已经"仁至义尽"，不可能再支付王女士的医疗费。于是，家政服务公司和马先生相互推诿，谁也不肯承担责任和费用，王女士陷入两难境地。

那么，家政服务公司和马先生之间，到底谁应该支付王女士的医疗费呢？根据《民法通则》相关规定，王女士是受家政服务公司的指派从事保洁工作的，她受伤也是在为家政服务公司履行义务过程中发生的，因此责任应由家政服务公司来承担。此外按照《劳动法》和《工伤保险条例》的规定，家政服务公司应该为王女士缴纳社会保险费，王女士是在工作时间和工作场所内因工作原因受到伤害的，应该享受工伤医疗待遇。至于合同中的"意外事故概不负责"明显属于霸王条款，违反了《合同法》中关于格式条款的规定，当属无效。所以说，王女士应该理直气壮地向家政服务公司索要医疗费用。

招式 98　家庭直接雇请，维权当找雇主

对于家庭直接雇用的家政服务人员，因为不是受家政服务公司指派，而是在雇主的授权或指示范围内从事家政服务，因此，雇主与家政服务人员之间形成雇佣关系，他们之间发生纠纷，应该由民事法律来调整。《最高人民法院关于审理人身损害赔偿案件适用法律若干问题的解释》第十一条规定："雇员在从事雇佣活动中遭受人身损害，雇主应当承担赔偿责任。"也就是说，对于家庭直接雇请的家政服务人员，一旦在服务过程中出现意外事故，雇主就需要全权负责。为了避免意外事件的发生，雇主在雇佣家政服务人员时要注意两点：其一，应当尽量为她们提供安全的工作环境；其二，给家政服务人员买上一份保险，在发生意外时最大限度地保障她们的合法权益，也减少自己

的损失。

案例分析：李女士经熟人介绍，雇请林女士到她家从事家政服务工作，不料林女士在一次拖地过程中，不小心摔倒，造成左骨骨颈骨折，不得不住院治疗。林女士向雇主李女士索要医疗费用，却遭到对方拒绝，说出于人道主义，只能支付一点营养费。林女士一时求诉无门。在这个案例中，林女士并非与家政服务公司签订劳动合同，而是经熟人介绍直接到李女士家从事家政服务，她与雇主李女士构成了雇佣关系。在为雇主家服务的过程中，她不幸受到意外伤害，这个责任应该由雇主李女士承担，李女士应该给予林女士医疗费用的赔偿。

招式99　遭遇侵权，该如何维权

现实生活中，由于家政服务人员的工作岗位是封闭的家庭环境，雇主往往滥用管理权力，这就造成了家政服务人员经常受到侵犯。如带有人身攻击性质的辱骂、殴打、性骚扰、偷窥家政服务人员隐私、不允许家政服务人员出门等。碰到这些情况，家政服务人员不要只盯着工资报酬，还要看重自己的人格利益，积极维权，因为他们在人格上与服务相对方并没有尊卑之别，而是平等的。《宪法》第三十八条规定："中华人民共和国公民的人格尊严不受侵犯。禁止用任何方法对公民进行侮辱、诽谤和诬告陷害。"公民的人格尊严受到法律的保护，家政服务人员的人格尊严同样受到法律的保护。当家政服务人员遭遇侵权时，应当寻求法律的保护。

此外需要注意的是，许多家政服务人员遭遇的侵权案例，往往是因为雇主对服务不满意造成的，因此，服务前，就要有提高服务的意识。上岗前最好能够接受正规的服务和相关法律知识的培训，争取达到雇主满意，减少侵权事件的发生。

案例分析：阿美今年21岁，去年从农村老家出来到城里打工，经熟人介绍到李小姐家从事家政服务工作，除了做日常家务外，还负责照顾李小姐腿脚不方便的妈妈。由于老人家身患疾病，性格又很急躁和多疑，常常看着阿美这也不顺眼那也不顺眼，矛盾时有发生。阿美性格绵软，又深知家政服务人员的职业守则，总是忍气吞声，在老人家的冷言冷语中照料着老人的生活起居，心里受委屈难过了，就把这些情绪写进日记，当做宣泄。可是有一次，阿美却发现老太太趁她出门买菜之机,偷看了她的日记。这令阿美倍感屈辱和难过。阿美因此向李小姐说明了情况,希望她们能赔礼道歉,给予她最起码的尊重。无奈这家人一点儿道理都不讲,非但不道歉,还认为自己的做法理所当然。阿美只能伤心地离开雇主家,另寻工作。

阿美不应该就此结束这件事,应该利用法律手段保护自己的合法权益。因为雇主是没有权利偷看家政服务人员的日记的,老太太的这种行为已经侵犯了阿美的隐私权,在法律上属于侵权行为。阿美有权要求老太太停止侵权,并且赔礼道歉。

温馨提示

节假日,家政服务人员该不该领取加班费

由于目前家政服务行业尚不规范,节假日家政服务人员该不该拿加班费,要具体问题具体分析。目前,《劳动法》对加班费的有关规定,主要针对的是企事业单位。家政服务人员是特殊职业人群,他们的劳动关系分为两种情况:一是雇主从家政服务公司雇佣家政服务人员,雇佣合同由雇主和家政服务公司签定,家政服务人员的工资由家政服务公司支付,这类家政服务人员应该属于家政服务公司的员工,节假日上班,家政服务公司应该支付加班费;另一种是雇主自己通过熟人介绍或其他方式雇佣的家政服务人员,这种劳动关系不在《劳动法》规定的范围内,从法律上讲,雇主没有为家政服务人员支付加班费的依据。不过,从人情道义上来说,雇主可适当给一点加班费。